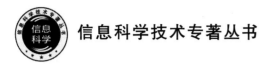

信息科学技术专著丛书

激光传输与控制

吴国华　编著

北京邮电大学出版社
www.buptpress.com

内 容 简 介

本书是一本理论专著。全书对激光在自由空间、光学系统和大气湍流中传输的研究方法和主要论题做了系统深入的研究。其中,第1章理论基础,阐述激光光学的基本理论基础、研究方法,以及部分相干光传输的基本理论。第2章激光的方向性,阐述完全相干光束和部分相干光束产生的必要条件。第3章几种特殊光束的传输特性,研究单束和多束平顶光束的传输特性,研究径向偏振光的焦移现象,研究空心光束的远场矢量结构。第4章大气湍流,介绍大气湍流模型,阐述光束在大气湍流中的传输理论。第5章大气湍流效应,研究大气湍流引起的光束展宽,光束漂移,以及光束质量因子的变化。第6章应用实例——鬼成像,介绍鬼成像的研究进展,以及大气湍流中的鬼成像。

本书可作为高等院校光学及相关专业本科生、研究生的参考书籍,为他们在相关领域研究工作的开展提供帮助。

图书在版编目(CIP)数据

激光传输与控制 / 吴国华编著 . --北京:北京邮电大学出版社,2021.8
ISBN 978-7-5635-6497-2

Ⅰ. ①激… Ⅱ. ①吴… Ⅲ. ①激光—光传输技术—研究 Ⅳ. ①TN24②TN818

中国版本图书馆 CIP 数据核字(2021)第 170029 号

策划编辑:姚 顺 刘纳新 责任编辑:毋燕燕 封面设计:七星博纳

出版发行:北京邮电大学出版社
社 址:北京市海淀区西土城路 10 号
邮政编码:100876
发 行 部:电话:010-62282185 传真:010-62283578
E-mail:publish@bupt.edu.cn
经 销:各地新华书店
印 刷:唐山玺诚印务有限公司
开 本:787 mm×1 092 mm 1/16
印 张:11.5
字 数:214 千字
版 次:2021 年 8 月第 1 版
印 次:2021 年 8 月第 1 次印刷

ISBN 978-7-5635-6497-2 定 价:39.00 元

前　言

　　自从 1960 年美国科学家梅曼发明第一台激光器以来，激光技术及其在众多领域的
应用受到了各国科学家的重视。在激光器的实际工程应用时，激光器输出的激光束需
要通过一些光学系统、自由空间或大气信道的传输后，才能到达激光与物质相互作用
面。激光在大气中传输时，大气湍流会对激光传输产生一些影响。这些效应限制了大
气环境中激光技术的实际应用。经过传输后的激光参数可能无法满足激光应用的要求，
因此激光传输与控制的一系列问题受到研究者们的高度关注和深入研究。

　　激光传输与控制研究的内容十分丰富，学科涉及面也比较广泛。激光传输与控制
主要研究激光束通过各种光学系统、自由空间和各种介质传输后的变化规律。大气湍
流会对激光传输产生影响，这些湍流效应包括：光束展宽、光束漂移、光强起伏，以
及光束质量因子的变化等。激光在大气中传输特性，尤其是部分相干光在大气中的传
输特性研究一直是学术界极为关注的热点。对于照明激光器而言，空间相干性较差的
激光束对其照明光斑更加有益。当大气湍流参数一样时，大气湍流对部分相干光束的
影响会小于完全相干光束的影响。在长距离照明和探测中，这对如何选择激光束的参
数提供了一些指导。同时激光的偏振也会对其在大气湍流中的传输特性产生影响。弄
懂激光在光学系统、自由空间和大气湍流中的传输规律，抑制大气湍流对激光传输的
影响，已成为激光在大气中应用的一个基础性问题。系统掌握激光光学的基础知识和
研究方法，并将其用于解决激光应用的实际问题，对于从事激光应用的人员来说都是
必备的。

　　本书以激光束描述、传输变换和激光在大气湍流中的传输特性为重点内容编写。
全书从内容上可以分为以下几部分：第 1 章理论基础；第 2 章激光的方向性，研究激
光束产生的必要条件，有代表性的高斯光束和部分相干光束（J_0 相关的 Shell 模型光
束）；第 3 章几种特殊光束的传输特性，研究几种特殊光束在自由空间和光学系统中的

传输特性，主要包括单束和多束平顶光束的传输特性、径向偏振光的焦移，空心光束远场矢量结构等；第 4 章大气湍流；第 5 章大气湍流效应，研究包括光束展宽、光束漂移和光束质量等；第 6 章应用实例——鬼成像，介绍鬼成像的研究进展，以及大气湍流中的鬼成像。由于选材的前沿性和作者水平有限，书中难免有一些不妥之处，敬请读者朋友谅解，并批评指正。在此作者表示衷心感谢。

目　　录

第1章

理论基础

1.1　自由空间麦克斯韦方程的解

电磁场的普遍运动规律由麦克斯韦方程组[1-3]：

$$\nabla \times \boldsymbol{E} = -\frac{\partial \boldsymbol{B}}{\partial t} \tag{1.1}$$

$$\nabla \times \boldsymbol{H} = \frac{\partial \boldsymbol{D}}{\partial t} + \boldsymbol{J} \tag{1.2}$$

$$\nabla \cdot \boldsymbol{D} = \rho \tag{1.3}$$

$$\nabla \cdot \boldsymbol{B} = 0 \tag{1.4}$$

以及物质方程：

$$\boldsymbol{D} = \varepsilon_0 \boldsymbol{E} + \boldsymbol{P} \tag{1.5}$$

$$\boldsymbol{B} = \mu_0 (\boldsymbol{H} + \boldsymbol{M}) \tag{1.6}$$

$$\boldsymbol{J} = \sigma \boldsymbol{E} \tag{1.7}$$

来描述。其中 $\boldsymbol{E}$ 为电场强度，$\boldsymbol{D}$ 为电位移矢量，$\boldsymbol{B}$ 为磁感应强度，$\boldsymbol{H}$ 为磁场强度，ρ 为自由电荷密度，$\boldsymbol{J}$ 为电流密度，σ 为电导率，ε_0 和 μ_0 分别为真空中的电容率和磁导率，$\boldsymbol{P}$ 为电极化强度，$\boldsymbol{J}$ 为电流密度，$\boldsymbol{M}$ 为磁化强度。

方程(1.1)是法拉第定律的微分形式。其物理意义：随时间变化的磁场会产生电场。等式右边的负号表示随时间变化的磁场感生的电流方向总是阻碍磁场的变化,即楞次定律。如果已知磁场随时间变化,就可以求出感生电场的旋度,即感生电场绕该点旋转的变化趋势。反之,如果已知感生电场,就可以求出磁场随时间的变化。

方程(1.2)是安培-麦克斯韦定律的微分形式。其物理意义:电流以及随时间变化的电场会产生磁场。$\frac{\partial \boldsymbol{D}}{\partial t}$ 是位移电流,即变化的电场会产生磁场,电场的变化也是磁场的源。方程(1.1)和方程(1.2)表明变化的电场会产生变化的磁场,变化的磁场能产生变化的电场,两者相互激化,从而可以在真空中传播。

方程(1.3)是电场高斯定律的微分形式。其物理意义:电荷产生电场,电荷是电场的源,电荷产生的电场从正电荷出发,终止于负电荷。如果某一位置有正电荷,该位置的散度就为正,电场从该点出发。根据电位移矢量的空间分布,就可以计算出该位置的自由电荷密度。如果已知自由电荷密度,就可以确定电场的散度。

方程(1.4)是磁场高斯定律的微分形式。其物理意义:磁场的散度为零,磁场总是从 N 极出发,终止于 S 极,但是 N 极和 S 极总是成对出现,不存在单独的 N 极或者 S 极。磁场的这个特性可以判断矢量场是否是磁场。

在自由空间中,$\rho=0$,$\boldsymbol{J}=0$,因此,自由空间中麦克斯韦方程组可表示为:

$$\nabla \times \boldsymbol{E} = -\frac{\partial \boldsymbol{B}}{\partial t} \tag{1.8}$$

$$\nabla \times \boldsymbol{H} = \frac{\partial \boldsymbol{D}}{\partial t} \tag{1.9}$$

$$\nabla \cdot \boldsymbol{D} = 0 \tag{1.10}$$

$$\nabla \cdot \boldsymbol{B} = 0 \tag{1.11}$$

物质方程可表示为:

$$\boldsymbol{D} = \varepsilon_0 \boldsymbol{E} \tag{1.12}$$

$$\boldsymbol{B} = \mu_0 \boldsymbol{H} \tag{1.13}$$

平板区域角谱解结构示意图如图 1.1 所示。

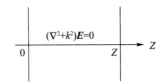

图 1.1 平板区域角谱解结构示意图

假设一单色平面波

$$\boldsymbol{E}(\boldsymbol{r},t)=\boldsymbol{E}(\boldsymbol{r})\mathrm{e}^{-\mathrm{i}\omega t} \tag{1.14}$$

$$\boldsymbol{B}(\boldsymbol{r},t)=\boldsymbol{B}(\boldsymbol{r})\mathrm{e}^{-\mathrm{i}\omega t} \tag{1.15}$$

在自由空间中传输,传输区间为:

$$0\leqslant z\leqslant Z \tag{1.16}$$

将方程(1.14)和(1.15)代入方程(1.8)~方程(1.11)中,约去共同因子 $\mathrm{e}^{-\mathrm{i}\omega t}$ 后可得:

$$\nabla\times\boldsymbol{E}=\mathrm{i}\omega\mu_0\ \boldsymbol{H} \tag{1.17}$$

$$\nabla\times\boldsymbol{H}=-\mathrm{i}\omega\varepsilon_0\ \boldsymbol{E} \tag{1.18}$$

$$\nabla\cdot\boldsymbol{D}=0 \tag{1.19}$$

$$\nabla\cdot\boldsymbol{B}=0 \tag{1.20}$$

去方程(1.17)的旋度并利用方程(1.18),可得:

$$\nabla\times(\nabla\times\boldsymbol{E})=\omega^2\ \varepsilon_0\mu_0\ \boldsymbol{E} \tag{1.21}$$

由矢量场的性质可得:

$$\nabla\times(\nabla\times\boldsymbol{E})=\nabla(\nabla\cdot\boldsymbol{E})-\nabla^2\ \boldsymbol{E} \tag{1.22}$$

将方程(1.22)和方程(1.19)代入方程(1.21),可得:

$$(\nabla^2+k^2)\boldsymbol{E}=0 \tag{1.23}$$

其中

$$k=\omega\ \sqrt{\varepsilon_0\mu_0} \tag{1.24}$$

1.1.1 角谱解

假设其电场强度可表示为傅里叶积分形式,即:

$$E(x,y,z) = \iint_{-\infty}^{\infty} \widetilde{E}(u,v,z)\, \mathrm{e}^{\mathrm{i}(ux+vy)}\, \mathrm{d}u\mathrm{d}v \qquad (1.25)$$

其中($\boldsymbol{r}=x,y,z$)。将方程(1.25)代入方程(1.23),可得:

$$\iint_{-\infty}^{\infty} \left[\nabla^2 + k^2\right]\left[\widetilde{E}(u,v,z)\, \mathrm{e}^{\mathrm{i}(ux+vy)}\right]\mathrm{d}u\mathrm{d}v = 0 \qquad (1.26)$$

经过微分运算后,方程(1.26)可表示为:

$$\iint_{-\infty}^{\infty} \left[(-u^2-v^2+k^2)\widetilde{E}(u,v,z)+\frac{\partial^2 \widetilde{E}(u,v,z)}{\partial z^2}\right]\mathrm{e}^{\mathrm{i}(ux+vy)}\, \mathrm{d}u\mathrm{d}v = 0$$

$$(1.27)$$

方程(1.27)对任意的 x,y 都成立,所以被积函数必须为零。也就是说,函数 $\widetilde{E}(u,v,z)$ 满足以下微分方程:

$$w^2\widetilde{E}(u,v,z)+\frac{\partial^2 \widetilde{E}(u,v,z)}{\partial z^2}=0 \qquad (1.28)$$

其中

$$w^2 = k^2 - u^2 - v^2$$

方程(1.28)的通解可表示为:

$$\widetilde{E}(u,v,z) = A(u,v)\mathrm{e}^{\mathrm{i}wz} + B(u,v)\mathrm{e}^{-\mathrm{i}wz} \qquad (1.29)$$

其中

$$w = \begin{cases} +\sqrt{k^2-u^2-v^2}, & \text{若} \quad u^2+v^2 \leqslant k^2 \\ -\mathrm{i}\sqrt{u^2+v^2-k^2}, & \text{若} \quad u^2+v^2 \geqslant k^2 \end{cases} \qquad (1.30)$$

因此,将方程(1.29)代入方程(1.25),可得:

$$E(x,y,z) = \iint_{-\infty}^{\infty} A(u,v)\mathrm{e}^{\mathrm{i}(ux+vy+wz)}\, \mathrm{d}u\mathrm{d}v + \iint_{-\infty}^{\infty} B(u,v)\, \mathrm{e}^{-\mathrm{i}(ux+vy+wz)}\, \mathrm{d}u\mathrm{d}v$$

$$(1.31)$$

为了更好地理解方程(1.31),下面将探讨其物理意义。

(1) $\mathrm{e}^{\mathrm{i}(ux+vy+wz)}$,当 $w=+\sqrt{k^2-u^2-v^2}$,$u^2+v^2 \leqslant k^2$。很显然,这是一个从左边界 $z=0$ 平面传播到右边界 $z=Z$ 平面的均匀平面波;

(2) $\mathrm{e}^{\mathrm{i}(ux+vy+wz)}$,当 $w=+\mathrm{i}\sqrt{u^2+v^2-k^2}$,$u^2+v^2 \geqslant k^2$。这是一个从左边界 $z=0$ 平面传播到右边界 $z=Z$ 平面,振幅随着传输距离指数衰减的波;

（3）$e^{i(ux+vy-wz)}$，当 $w=+\sqrt{k^2-u^2-v^2}$，$u^2+v^2>k^2$。很明显，这是一个从右边界 $z=Z$ 平面传播到左边界 $z=0$ 平面的均匀平面波；

（4）$e^{i(ux+vy-wz)}$，当 $w=+i\sqrt{u^2+v^2-k^2}$，$u^2+v^2>k^2$。这是一个从右边界 $z=Z$ 平面传播到左边界 $z=0$ 平面，振幅随传输距离指数增大的波。

假设半空间内 $n(\omega)=1$，场从 $z=0$ 平面处已知传播到无限远。很明显，半空间中的角谱解可以看成是平板区域中角谱解的一种特殊情况，即 $z\to\infty$。因此，半空间中的角谱解可用方程（1.31）来表示。为了简化该方程，可将方程（1.31）右边的第 2 项分解成均匀波和非均匀波两部分，即：

$$\iint_{-\infty}^{\infty} B(u,v)e^{i(ux+vy+wz)}dudv$$

$$=\iint_{u^2+v^2\leqslant k_0^2} B(u,v)e^{i(ux+vy-|w|z)}dudv+\iint_{u^2+v^2\geqslant k_0^2} B(u,v)e^{i(ux+vy+|w|z)}dudv$$

$$(1.32)$$

其中 k_0 是真空中的波数。因为当 $u^2+v^2\geqslant k_0^2$ 时，$|w|=\sqrt{u^2+v^2-k_0^2}$。从方程（1.32）可以看出，其右边第 2 项中被积函数的振幅随着传输距离 z 的增大而增大，当 $z\to\infty$ 时，其值也为无穷大。这在物理上是不可能的。因此

$$B(u,v)=0 \qquad (1.33)$$

所以，麦克斯韦方程在半空间的角谱解可表示为：

$$E(x,y,z)=\iint_{-\infty}^{\infty} A(u,v)\,e^{i(ux+vy+wz)}dudv \qquad (1.34)$$

为了以后讨论方便，做以下变量代换：

$$u=k_0p,v=k_0q,w=k_0m \qquad (1.35)$$

因此，方程（1.34）变为：

$$E(x,y,z)=\iint_{-\infty}^{\infty} a(p,q)e^{ik_0(px+qy+mz)}dpdq \qquad (1.36)$$

其中

$$a(p,q)=\left(\frac{k_0}{2\pi}\right)^2\iint_{-\infty}^{\infty} E(x',y',0)e^{-ik_0(px'+qy')}dx'dy' \qquad (1.37)$$

$$m=\begin{cases} +\sqrt{1-p^2-q^2}, & \text{若} \quad p^2+q^2\leqslant 1 \\ i\sqrt{p^2+q^2-1}, & \text{若} \quad p^2+q^2>1 \end{cases} \qquad (1.38)$$

从方程（1.37）可以看出,可将其分解成均匀波和非均匀波两部分,即:

$$a(p,q) = \left(\frac{k_0}{2\pi}\right)^2 \iint_{p^2+q^2 \leqslant 1} E(x',y',0) \mathrm{e}^{-ik_0(px'+qy')} \mathrm{d}x' \mathrm{d}y' +$$

$$\left(\frac{k_0}{2\pi}\right)^2 \iint_{p^2+q^2 > 1} E(x',y',0) \mathrm{e}^{-ik_0(px'+qy')} \mathrm{d}x' \mathrm{d}y' \qquad (1.39)$$

其等式右边的第 1 项是均匀波,第 2 项是消逝波(evanescent),这种波的振幅随着 z 的增加呈指数衰减,当传输距离 $z \gg \lambda$ 时,可以忽略其贡献。

1.1.2　衍射积分解

首先考虑一个严格单色标量波:

$$E(x,y,z,t) = E(x,y,z) \mathrm{e}^{-i\omega t} \qquad (1.40)$$

在真空中,空间相关的部分 $E(x,y,z)$ 满足:

$$(\nabla^2 + k^2) E(x,y,z) = 0 \qquad (1.41)$$

假设 v 是闭合面 S 所包围的体积,P 是 S 内的任意一点(如图 1.2 所示),并假设 E 在 S 内和 S 上具有一阶和二阶偏微分连续。E' 为任意一其他函数,与 E 满足同样的连续性条件,则由格林定理可得:

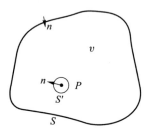

图 1.2　Helmholtz-Kirchhoff 积分定理推导:积分区

$$\iiint_v (E \nabla^2 E' - E' \nabla^2 E) \mathrm{d}v = -\iint_S \left(E \frac{\partial E'}{\partial n} - E' \frac{\partial E}{\partial n}\right) \mathrm{d}s \qquad (1.42)$$

其中 $\frac{\partial}{\partial n}$ 表示沿 S 面内向法线的微分。如果 E' 满足与实践无关的波动方程,即:

$$(\nabla^2 + k^2)E'(x,y,z) = 0 \tag{1.43}$$

因此，方程(1.42)左边被积函数在 v 的每一点都为零，即：

$$\iint_S \left(E\frac{\partial E'}{\partial n} - E'\frac{\partial E}{\partial n} \right) \mathrm{d}s = 0 \tag{1.44}$$

假设 $E' = \dfrac{\mathrm{e}^{iks}}{s}$，其中 s 表示 P 点到 (x,y,z) 这一点的距离。此时，这个函数在 $s=0$ 位置处有一个奇异点。因为 E' 连续可导，所以 P 点可以从积分中去掉。因此，方程(1.44)可表示为：

$$\left\{ \iint_S + \iint_{S'} \right\} \left[E\frac{\partial}{\partial n}\left(\frac{\mathrm{e}^{iks}}{s} \right) - \frac{\mathrm{e}^{iks}}{s}\frac{\partial E}{\partial n} \right] \mathrm{d}S = 0 \tag{1.45}$$

因此，

$$\iint_S \left[E\frac{\partial}{\partial n}\left(\frac{\mathrm{e}^{iks}}{s} \right) - \frac{\mathrm{e}^{iks}}{s}\frac{\partial E}{\partial n} \right] \mathrm{d}S$$

$$= -\iint_{S'} \left[E\frac{\mathrm{e}^{iks}}{s}\left(ik - \frac{1}{s} \right) - \frac{\mathrm{e}^{iks}}{s}\frac{\partial E}{\partial n} \right] \mathrm{d}S'$$

$$= \iint_\Omega \left[E\frac{\mathrm{e}^{ik\varepsilon}}{\varepsilon}\left(ik - \frac{1}{\varepsilon} \right) - \frac{\mathrm{e}^{ik\varepsilon}}{\varepsilon}\frac{\partial E}{\partial s} \right]\varepsilon^2\,\mathrm{d}\Omega \tag{1.46}$$

其中 Ω 为一个元立体角。因为对 S 的积分与 ε 无关，所以右边界可以用它在 $\varepsilon \to 0$ 时的极限值来代替；在极限情况下，该积分的第 1 项和第 3 项没有贡献，而第 2 项的总贡献为 $4\pi E(P)$。所以，

$$E(P) = \frac{1}{4\pi}\iint_S \left[E\frac{\partial}{\partial n}\left(\frac{\mathrm{e}^{iks}}{s} \right) - \frac{\mathrm{e}^{iks}}{s}\frac{\partial E}{\partial n} \right] \mathrm{d}S \tag{1.47}$$

这就是 Helmholtz-Kirchhoff 积分定理的一种形式。

如果 P 点位于体积 v 之内，则

$$\iint_S \left[E\frac{\partial}{\partial n}\left(\frac{\mathrm{e}^{iks}}{s} \right) - \frac{\mathrm{e}^{iks}}{s}\frac{\partial E}{\partial n} \right] \mathrm{d}S = 4\pi E(P) \tag{1.48}$$

R^+ 和 R^- 的几何意义如图 1.3 所示。

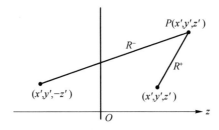

图 1.3 R^+ 和 R^- 的几何意义

如果 P 点位于体积 v 之外，则

$$\iint_S \left[E \frac{\partial}{\partial n} \left(\frac{e^{iks}}{s} \right) - \frac{e^{iks}}{s} \frac{\partial E}{\partial n} \right] dS = 0 \quad (1.49)$$

假设区域 v 为 $z \geqslant 0$ 的半空间。此时，积分面 S 由平面 $z'=0$ 和该半空间的一个半球面组成，半球面中心在原点，半径为无穷大。$z>0$ 半空间中以原点为球心的那个球面（$r \to \infty$）对积分没有贡献。如果观测点 $P(x, y, z)$ 位于 $z>0$ 的半空间，则有：

$$\frac{1}{4\pi} \iint_{z'=0} \left[E \frac{\partial}{\partial z'} \left(\frac{e^{ikR^+}}{R^+} \right) - \frac{e^{ikR^+}}{R^+} \frac{\partial E}{\partial z'} \right] dx' dy' = E(x, y, z) \quad (1.50)$$

其中

$$R^+ = \sqrt{(x-x')^2 + (y-y')^2 + (z-z')^2} \quad (z>0) \quad (1.51)$$

P 点的对应点 $P(x, y, -z)$ 将位于体积 v 之外 $z<0$ 的半空间，所以

$$\frac{1}{4\pi} \iint_{z'=0} \left[E \frac{\partial}{\partial z'} \left(\frac{e^{ikR^-}}{R^-} \right) - \frac{e^{ikR^-}}{R^-} \frac{\partial E}{\partial z'} \right] dx' dy' = 0 \quad (1.52)$$

其中

$$R^- = \sqrt{(x-x')^2 + (y-y')^2 + (z+z')^2} \quad (1.53)$$

此时

$$\frac{e^{ikR^+}}{R^+} \bigg|_{z'=0} = \frac{e^{ikR^-}}{R^-} \bigg|_{z'=0} \quad (1.54)$$

且

$$\frac{\partial}{\partial z'} \left(\frac{e^{ikR^-}}{R^-} \right) \bigg|_{z'=0} = -\frac{\partial}{\partial z'} \left(\frac{e^{ikR^+}}{R^+} \right) \bigg|_{z'=0} \quad (1.55)$$

将方程（1.54）和方程（1.55）代入方程（1.50），可得：

$$\frac{1}{4\pi} \iint_{z'=0} \left[-E \frac{\partial}{\partial z'} \left(\frac{e^{ikR^+}}{R^+} \right) - \frac{e^{ikR^+}}{R^+} \frac{\partial E}{\partial z'} \right] dS = 0 \quad (1.56)$$

方程（1.50）减去方程（1.56），并令 $R^+|_{z'=0} = s$，可得：

$$E(x, y, z) = \frac{1}{2\pi} \iint_{z'=0} E(x', y', 0) \frac{\partial}{\partial z'} \left(\frac{e^{iks}}{s} \right) dx' dy' \quad (1.57)$$

其中 $s = \sqrt{(x-x')^2 + (y-y')^2 + (z-z')^2}$。方程（1.57）是第一类 Rayleigh 衍射积分的解，即 Dirichlet 边值问题的解。如果将方程（1.52）加上方程（1.57），并令并令 $R^+|_{z'=0} = s$，可得：

$$E(x,y,z) = -\frac{1}{2\pi}\iint_{z'=0}\left[\frac{\partial E(x',y',0)}{\partial z'}\right]\frac{e^{iks}}{s}dx'dy' \qquad (1.58)$$

方程(1.58)为第二类 Rayleigh 衍射积分,即 Neumann 边值问题的解。

上面我们介绍了标量 Helmholtz 方程的两种解形式,对于矢量 Helmholtz 而言,其解可表示为:

$$E_x(x,y,z) = -\frac{1}{2\pi}\iint E_x(x',y',0)\frac{\partial}{\partial z}\left(\frac{e^{iks}}{s}\right)dx'dy' \qquad (1.59)$$

$$E_y(x,y,z) = -\frac{1}{2\pi}\iint E_y(x',y',0)\frac{\partial}{\partial z}\left(\frac{e^{iks}}{s}\right)dx'dy' \qquad (1.60)$$

$$E_z(x,y,z) = \frac{1}{2\pi}\iint\left[E_x(x',y',0)\frac{\partial}{\partial x}\left(\frac{e^{iks}}{s}\right) + E_y(x',y',0)\frac{\partial}{\partial y}\left(\frac{e^{iks}}{s}\right)\right]dx'dy'$$

$$(1.61)$$

利用球面波的 Weyl 表示法,可以将两种解的形式角谱解和衍射积分解统一起来。具体的推导过程可以见本章参考文献[1]。

1.2 部分相干光的传输

在上一小节中,我们给出了完全相干光在半自由空间的传输规律。众所周知,自然界中存在的电磁波总会有某种程度的随机涨落。热光源的随机涨落来源于原子的自发辐射,激光的随机涨落来源于一些不可控的原因,例如温度的涨落等。如何建立光扰动自身和扰动之间的关联,以及两者的传输规律显得尤为重要,以下介绍部分相干性理论。

1.2.1 部分相干光的基本理论

1. 空间-时间域

在经典物理的框架里,光场的涨落可用几率分布或相关函数来表示。在空间-时间域中,用互相干函数 $\Gamma(\boldsymbol{r}_1,\boldsymbol{r}_2,\tau)$ 来描述两个场点 $(\boldsymbol{r}_1,\boldsymbol{r}_2)$ 间的

光场相干性,其定义为[4]:

$$\Gamma(\boldsymbol{r}_1,\boldsymbol{r}_2,\tau)=\langle V(\boldsymbol{r}_1,t+\tau)V^*(\boldsymbol{r}_2,t)\rangle \tag{1.62}$$

式中 $V(\boldsymbol{r}_1,t+\tau)$ 和 $V(\boldsymbol{r}_2,t)$ 分别为场点 $(\boldsymbol{r}_1,\boldsymbol{r}_2)$ 在时刻 $t+\tau$ 和 t 的复解析场变量,$\langle\cdot\rangle$ 表示系综统计平均,$*$ 表示复共轭。假设光场是各态历经的。因此,对系综的平均可用对时间的平均来代替:

$$\langle V(\boldsymbol{r}_1,t+\tau)V^*(\boldsymbol{r}_2,t)\rangle=\lim_{T\to\infty}\frac{1}{2\pi}\int_{-T}^{T}\langle V(\boldsymbol{r}_1,t+\tau)V^*(\boldsymbol{r}_2,t)\rangle\mathrm{d}t$$

$$\tag{1.63}$$

其中 T 为测量时间。

在方程(1.63)中令 $\boldsymbol{r}_1=\boldsymbol{r}_2=\boldsymbol{r}$,$\tau=0$ 得到空间点 $\boldsymbol{r}$ 处的平均光强

$$I(\boldsymbol{r})=\Gamma(\boldsymbol{r},\boldsymbol{r},0)=\langle V(\boldsymbol{r},t)V^*(\boldsymbol{r},t)\rangle \tag{1.64}$$

归一化的互相干函数又称为场点 $\boldsymbol{r}_1$ 和 $\boldsymbol{r}_2$ 间的光场复相干度,其定义为:

$$\gamma(\boldsymbol{r}_1,\boldsymbol{r}_2,\tau)=\frac{\Gamma(\boldsymbol{r}_1,\boldsymbol{r}_2,\tau)}{\sqrt{\Gamma(\boldsymbol{r}_1,\boldsymbol{r}_1,0)}\sqrt{\Gamma(\boldsymbol{r}_2,\boldsymbol{r}_2,0)}}=\frac{\Gamma(\boldsymbol{r}_1,\boldsymbol{r}_2,\tau)}{\sqrt{I(\boldsymbol{r}_1)}\sqrt{I(\boldsymbol{r}_2)}} \tag{1.65}$$

复相干度的模确定了干涉条纹的可见度。$0\leqslant|\gamma(\boldsymbol{r}_1,\boldsymbol{r}_2,\tau)|\leqslant1$,当 $|\gamma(\boldsymbol{r}_1,\boldsymbol{r}_2,\tau)|=0$ 时为完全不相干光;当 $|\gamma(\boldsymbol{r}_1,\boldsymbol{r}_2,\tau)|=1$ 时为完全相干光;当 $0<|\gamma(\boldsymbol{r}_1,\boldsymbol{r}_2,\tau)|<1$ 时为部分相干光。复相干度同时描述了光场在空间-时间域的相干度,空间相干度用 $|\gamma(\boldsymbol{r}_1,\boldsymbol{r}_2,0)|$ 来描述,时间相干度用 $|\gamma(\boldsymbol{r}_1,\boldsymbol{r}_2,\tau)|$ 来描述。

在准单色场近似下,即频谱带宽远小于中心频率时,可用互相干度 $J(\boldsymbol{r}_1,\boldsymbol{r}_2)$ 代替互相干函数 $\Gamma(\boldsymbol{r}_1,\boldsymbol{r}_2,0)$ 描述光场相干性:

$$J(\boldsymbol{r}_1,\boldsymbol{r}_2)=\langle V(\boldsymbol{r}_1,t)V^*(\boldsymbol{r}_2,t)\rangle=\Gamma(\boldsymbol{r}_1,\boldsymbol{r}_2,0) \tag{1.66}$$

此时,平均光强可表示为:

$$I(\boldsymbol{r})=\Gamma(\boldsymbol{r},\boldsymbol{r},0)=\langle V(\boldsymbol{r},t)V^*(\boldsymbol{r},t)\rangle=J(\boldsymbol{r},\boldsymbol{r}) \tag{1.67}$$

归一化的互强度称之为互相干系数 $\gamma(\boldsymbol{r}_1,\boldsymbol{r}_2)$:

$$\gamma(\boldsymbol{r}_1,\boldsymbol{r}_2)=\frac{J(\boldsymbol{r}_1,\boldsymbol{r}_2)}{\sqrt{J(\boldsymbol{r}_1,\boldsymbol{r}_1)J(\boldsymbol{r}_2,\boldsymbol{r}_2)}}=\frac{J(\boldsymbol{r}_1,\boldsymbol{r}_2)}{\sqrt{I(\boldsymbol{r}_1)}\sqrt{I(\boldsymbol{r}_2)}} \tag{1.68}$$

且 $0\leqslant\gamma(\boldsymbol{r}_1,\boldsymbol{r}_2)\leqslant1$。

2. 空间-频率域

部分相干光空间-时间域的理论已经被推广到空间-频率域。在空间-

频率域中经常使用交叉谱密度函数来描述部分相干光,这为研究部分相干光提供了方便。

在空间-频率域中,描述光场相干性的基本物理量是交叉谱密度函数 $W(\boldsymbol{r}_1,\boldsymbol{r}_2,\omega)$,其定义为:

$$W(\boldsymbol{r}_1,\boldsymbol{r}_2,\omega)=\langle \hat{V}^*(\boldsymbol{r}_1,\omega)\hat{V}(\boldsymbol{r}_2,\omega)\rangle \tag{1.69}$$

其中 $\hat{V}^*(\boldsymbol{r}_1,\omega)$ 是场函数 $V^*(\boldsymbol{r}_1,\omega)$ 的傅里叶变换,即:

$$\hat{V}^*(\boldsymbol{r}_1,\omega)=\int V^*(\boldsymbol{r}_1,\omega)\mathrm{e}^{i\omega t}\mathrm{d}t \tag{1.70}$$

式中 ω 为圆频率。因此交叉谱密度函数 $W(\boldsymbol{r}_1,\boldsymbol{r}_2,\omega)$ 和互相干函数 $\Gamma(\boldsymbol{r}_1,\boldsymbol{r}_2,\tau)$ 组成傅里叶变换对:

$$W(\boldsymbol{r}_1,\boldsymbol{r}_2,\omega)=\int \Gamma(\boldsymbol{r}_1,\boldsymbol{r}_2,\tau)\mathrm{e}^{i\omega t}\mathrm{d}t \tag{1.71}$$

$$\Gamma(\boldsymbol{r}_1,\boldsymbol{r}_2,\tau)=\frac{1}{2\pi}\int W(\boldsymbol{r}_1,\boldsymbol{r}_2,\omega)\mathrm{e}^{i\omega t}\mathrm{d}t \tag{1.72}$$

空间 $\boldsymbol{r}$ 处的平均光强为:

$$I(\boldsymbol{r},\omega)=W(\boldsymbol{r},\boldsymbol{r},\omega) \tag{1.73}$$

归一化的交叉谱密度函数称为复空间相干度:

$$\begin{aligned}\mu(\boldsymbol{r}_1,\boldsymbol{r}_2,\omega)&=\frac{W(\boldsymbol{r}_1,\boldsymbol{r}_2,\omega)}{\sqrt{W(\boldsymbol{r}_1,\boldsymbol{r}_1,\omega)}\sqrt{W(\boldsymbol{r}_2,\boldsymbol{r}_2,\omega)}}\\&=\frac{W(\boldsymbol{r}_1,\boldsymbol{r}_2,\omega)}{\sqrt{I(\boldsymbol{r}_1\omega)}\sqrt{I(\boldsymbol{r}_2,\omega)}}\end{aligned} \tag{1.74}$$

归一化的交叉谱密度函数又称为光谱相干度 $\mu(\boldsymbol{r}_1,\boldsymbol{r}_2,\omega)$,它描述了光场在空间-频率域中的相干性,满足 $0\leqslant\mu(\boldsymbol{r}_1,\boldsymbol{r}_2,\omega)\leqslant1$。当 $\mu(\boldsymbol{r}_1,\boldsymbol{r}_2,\omega)=0$ 时为完全不相干光;当 $\mu(\boldsymbol{r}_1,\boldsymbol{r}_2,\omega)=1$ 时为完全相干光;当 $0<\mu(\boldsymbol{r}_1,\boldsymbol{r}_2,\omega)<1$ 时为部分相干光。

对于准单色场而言, $\hat{V}(\boldsymbol{r},\omega)=V(\boldsymbol{r})\mathrm{e}^{i\omega t}$,因此对应的交叉谱密度函数可表示为:

$$\begin{aligned}W(\boldsymbol{r}_1,\boldsymbol{r}_2)&=\langle \hat{V}^*(\boldsymbol{r}_1,\omega)\hat{V}(\boldsymbol{r}_2,\omega)\rangle\\&=\langle \hat{V}^*(\boldsymbol{r}_1)\hat{V}(\boldsymbol{r}_2)\rangle\end{aligned} \tag{1.75}$$

因此,交叉谱密度函数 $W(\boldsymbol{r}_1,\boldsymbol{r}_2)$ 和互强度 $J(\boldsymbol{r}_1,\boldsymbol{r}_2)$ 在描述光场空间

相干性时等效。但是它们分别是空间-频率域和空间-时间域中描述光场相干性的物理量,因此它们具有不同的物理意义。在空间-频率域中,用交叉谱密度函数 $S(\omega)$ 描述时间相干性,其定义式可以表示为:

$$S(\omega) = W(\boldsymbol{r}, \boldsymbol{r}, \omega) \tag{1.76}$$

部分相干光在自由空间中传输时,$S(\omega)$ 会发生变化,这就是大家众所周知的 Wolf 效应。

1.2.2　部分相干光的传输变换公式

令 $U^{(r)}(\boldsymbol{r}, t)$ 表示一个真实的物理波场(例如电矢量的一个笛卡儿分量),对应与 $U(\boldsymbol{r}, t)$ 的实部。这里 r 代表空间中的一个位置,t 表示某一时刻。在笛卡儿坐标系中,无源自由空间中,$U^{(r)}(\boldsymbol{r}, t)$ 满足下列方程[1,2]:

$$\nabla^2 U^{(r)}(\boldsymbol{r}, t) = \frac{1}{c^2} \frac{\partial^2 U^{(r)}(\boldsymbol{r}, t)}{\partial t^2} \tag{1.77}$$

式中 c 是真空中的光速。其场分量 $U^{(r)}(\boldsymbol{r}, t)$ 表示为傅里叶积分形式:

$$U^{(r)}(\boldsymbol{r}, t) = \int_{-\infty}^{\infty} \hat{U}(\boldsymbol{r}, \nu) \mathrm{e}^{-2\pi \mathrm{i} \nu t} \mathrm{d}\nu \tag{1.78}$$

因此,

$$U(\boldsymbol{r}, t) = \int_{0}^{\infty} \hat{U}(\boldsymbol{r}, \nu) \mathrm{e}^{-2\pi \mathrm{i} \nu t} \mathrm{d}\nu \tag{1.79}$$

对方程(1.77)做逆傅里叶变换,可得:

$$\nabla^2 \hat{U}(\boldsymbol{r}, \nu) + k^2 \hat{U}(\boldsymbol{r}, \nu) = 0 \tag{1.80}$$

式中

$$k = \frac{2\pi\nu}{c} \tag{1.81}$$

将方程(1.79)代入方程(1.80),可得:

$$\nabla^2 U(\boldsymbol{r}, t) - \frac{1}{c^2} \frac{\partial^2 U(\boldsymbol{r}, t)}{\partial t^2} = \int_{0}^{\infty} \left[\int_{0}^{\infty} \hat{U}(\boldsymbol{r}, \nu) \mathrm{e}^{-2\pi \mathrm{i} \nu t} \mathrm{d}\nu \right] \mathrm{e}^{-2\pi \mathrm{i} \nu t} \mathrm{d}\nu \tag{1.82}$$

将方程(1.80)代入方程(1.82),可得:

$$\nabla^2 U(\boldsymbol{r}, t) - \frac{1}{c^2} \frac{\partial^2 U(\boldsymbol{r}, t)}{\partial t^2} = 0 \tag{1.83}$$

对方程(1.83)取复共轭,并用$\boldsymbol{r}_1$代替$\boldsymbol{r}$,t_1代替t,可得:

$$\nabla_1^2 U^*(\boldsymbol{r}_1,t_1)-\frac{1}{c^2}\frac{\partial^2 U^*(\boldsymbol{r}_1,t_1)}{\partial t_1^2}=0 \tag{1.84}$$

其中∇_1^2是关于位置点$\boldsymbol{r}_1$的 Laplace 算符。根据方程(1.83)和方程(1.84),可得:

$$\nabla_1^2[U^*(\boldsymbol{r}_1,t_1)U(\boldsymbol{r}_2,t_2)]-\frac{1}{c^2}\frac{\partial^2 U^*(\boldsymbol{r}_1,t_1)U(\boldsymbol{r}_2,t_2)}{\partial t_1^2} \tag{1.85}$$

根据方程(1.85),以及互相关函数的定义式(1.62),可得:

$$\nabla_1^2\Gamma(\boldsymbol{r}_1,\boldsymbol{r}_2;t_1,t_2)-\frac{1}{c^2}\frac{\partial^2\Gamma(\boldsymbol{r}_1,\boldsymbol{r}_2;t_1,t_2)}{\partial t_1^2}=0 \tag{1.86}$$

同理,我们可以得到:

$$\nabla_2^2\Gamma(\boldsymbol{r}_1,\boldsymbol{r}_2;t_1,t_2)-\frac{1}{c^2}\frac{\partial^2\Gamma(\boldsymbol{r}_1,\boldsymbol{r}_2;t_1,t_2)}{\partial t_2^2}=0 \tag{1.87}$$

假设场是一个平稳场,因此互相关函数$\Gamma(\boldsymbol{r}_1,\boldsymbol{r}_2;t_1,t_2)$只与$t_1-t_2=\tau$的差值有关,因此可以得到:

$$\nabla_1^2\Gamma(\boldsymbol{r}_1,\boldsymbol{r}_2;\tau)-\frac{1}{c^2}\frac{\partial^2\Gamma(\boldsymbol{r}_1,\boldsymbol{r}_2;\tau)}{\partial t_1^2}=0 \tag{1.88}$$

同理可得:

$$\nabla_2^2\Gamma(\boldsymbol{r}_1,\boldsymbol{r}_2;\tau)-\frac{1}{c^2}\frac{\partial^2\Gamma(\boldsymbol{r}_1,\boldsymbol{r}_2;\tau)}{\partial t_2^2}=0 \tag{1.89}$$

由方程(1.88)和方程(1.89)可以看出,真空中互相干函数遵循两个波动方程。τ代表两个时刻之差,这个理论的核心互相干函数$\Gamma(\boldsymbol{r}_1,\boldsymbol{r}_2;\tau)$是可以通过直接测量的。

因为交叉谱密度函数$W(\boldsymbol{r}_1,\boldsymbol{r}_2;\tau)$和互相干函数$\Gamma(\boldsymbol{r}_1,\boldsymbol{r}_2;\tau)$组成一对傅里叶变换对,所以分别对方程(1.88)和方程(1.89)做傅里叶变换,可得:

$$\nabla_1^2 W(\boldsymbol{r}_1,\boldsymbol{r}_2;\nu)+k^2\frac{\partial^2 W(\boldsymbol{r}_1,\boldsymbol{r}_2;\nu)}{\partial t_2^2}=0 \tag{1.90}$$

$$\nabla_2^2 W(\boldsymbol{r}_1,\boldsymbol{r}_2;\nu)+k^2\frac{\partial^2 W(\boldsymbol{r}_1,\boldsymbol{r}_2;\nu)}{\partial t_2^2}=0 \tag{1.91}$$

交叉谱密度函数从$z=0$平面传播到半空间的结构示意图如图 1.4 所示。

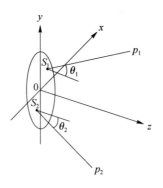

图 1.4　交叉谱密度函数从 $z=0$ 平面传播到半空间的结构示意图

对比方程(1.80)和方程(1.89),可以看出两个方程形式一样,因此两个方程具有相同的解,即:

$$W(\boldsymbol{r}_1,\boldsymbol{r}_2;\nu)=-\frac{1}{2\pi}\int_{z=0}W(\boldsymbol{r}'_1,\boldsymbol{r}_2;\nu)\frac{\partial}{\partial z_1}\left(\frac{\mathrm{e}^{ikR_1}}{R_1}\right)\mathrm{d}\boldsymbol{r}'_1 \quad (1.92)$$

式中 $R_1=|\boldsymbol{r}_1-\boldsymbol{r}'_1|$。同理,可得:

$$W(\boldsymbol{r}_1,\boldsymbol{r}_2;\nu)=-\frac{1}{2\pi}\int_{z=0}W(\boldsymbol{r}'_1,\boldsymbol{r}'_2;\nu)\frac{\partial}{\partial z_2}\left(\frac{\mathrm{e}^{ikR_2}}{R_2}\right)\mathrm{d}\boldsymbol{r}'_2 \quad (1.93)$$

其中 $R_2=|\boldsymbol{r}_2-\boldsymbol{r}'_2|$。将方程(1.92)代入方程(1.93),可得:

$$W(\boldsymbol{r}_1,\boldsymbol{r}_2;\nu)=\left(\frac{1}{2\pi}\right)^2\iint_{z=0}W(\boldsymbol{r}'_1,\boldsymbol{r}'_2;\nu)\left[\frac{\partial}{\partial z_1}\left(\frac{\mathrm{e}^{ikR_1}}{R_1}\right)\right]$$

$$\left[\frac{\partial}{\partial z_2}\left(\frac{\mathrm{e}^{ikR_2}}{R_2}\right)\right]\mathrm{d}\boldsymbol{r}'_1\mathrm{d}\boldsymbol{r}'_2 \quad (1.94)$$

方程(1.94)给出了交叉谱密度函数 $W(\boldsymbol{r}_1,\boldsymbol{r}_2;\nu)$ 在自由空间中的传输公式表达式。为了能够得到方程(1.94)的解析表达式,我们需要将该方程作一些近似,即:

$$\frac{\partial}{\partial z_1}\left(\frac{\mathrm{e}^{ikR_1}}{R_1}\right)=-\left(ik+\frac{1}{R_1}\right)\frac{\mathrm{e}^{ikR_1}}{R_1}\cos\theta_1 \quad (1.95)$$

$$\frac{\partial}{\partial z_2}\left(\frac{\mathrm{e}^{ikR_2}}{R_2}\right)=-\left(ik+\frac{1}{R_2}\right)\frac{\mathrm{e}^{ikR_2}}{R_2}\cos\theta_2 \quad (1.96)$$

其中 θ_1,θ_2 如图 1.4 所示,为倾斜角。将方程(1.95)和方程(1.96)代入方程(1.94),可得:

$$W(\boldsymbol{r}_1, \boldsymbol{r}_2, v) = -\left(\frac{k}{2\pi}\right)^2 \iint_{z=0} W(\boldsymbol{r}_1', \boldsymbol{r}_2', v) \times$$

$$\left[1 + \frac{\mathrm{i}}{k}\left(\frac{1}{R_2} - \frac{1}{R_1} + \frac{1}{k^2}\frac{1}{R_1 R_2}\right)\right]$$

$$\frac{\mathrm{e}^{\mathrm{i}k(R_2-R_1)}}{R_1 R_2}\cos\theta_1\cos\theta_2 \, \mathrm{d}^2\boldsymbol{r}_1'\mathrm{d}^2\boldsymbol{r}_2' \qquad (1.97)$$

当点 $P_1(r_1)$ 和 $P_2(r_2)$ 距离初始平面 $z=0$ 许多个波长时，即 $R_1\gg\lambda$，$R_2\gg\lambda$，则有 $1/R_1\ll k$，$1/R_2\ll k$。因此，方程(1.97)可简化为：

$$W(\boldsymbol{r}_1, \boldsymbol{r}_2, v) = -\left(\frac{k}{2\pi}\right)^2 \iint_{z=0} W(\boldsymbol{r}_1', \boldsymbol{r}_2', v) \times$$

$$\frac{\mathrm{e}^{\mathrm{i}k(R_2-R_1)}}{R_1 R_2}\cos\theta_1\cos\theta_2 \mathrm{d}^2\boldsymbol{r}_1'\mathrm{d}^2\boldsymbol{r}_2' \qquad (1.98)$$

从方程(1.98)，我们可以很容易的得到互相关函数 $\Gamma(r_1, r_2, \tau)$ 传输公式。在方程(1.97)两边同时乘以 $\mathrm{e}^{-2\pi\mathrm{i}v\tau}$，并对 v 从零到无穷大积分，则方程左边为相关函数 $\Gamma(r_1, r_2, \tau)$。因此，可得：

$$\Gamma(r_1, r_2, \tau) = \int_0^\infty W(r_1', r_2', v)\mathrm{e}^{-2\pi\mathrm{i}v t}\mathrm{d}v \qquad (1.99)$$

交换积分和微分秩序，可得：

$$\frac{1}{c}\frac{\partial\Gamma(r_1, r_2, \tau)}{\partial\tau} = -\int_0^\infty (\mathrm{i}k)W(r_1, r_2, v)\,\mathrm{e}^{-2\pi\mathrm{i}v t}\mathrm{d}v \qquad (1.100)$$

和

$$\frac{1}{c}\frac{\partial^2\Gamma(r_1, r_2, \tau)}{\partial\tau^2} = \int_0^\infty (\mathrm{i}k)^2 W(r_1, r_2, v)\,\mathrm{e}^{-2\pi\mathrm{i}v t}\mathrm{d}v \qquad (1.101)$$

其中 $k=\dfrac{2\pi v}{c}$。根据方程(1.99)，方程(1.100)和方程(1.101)，可得：

$$\Gamma(r_1, r_2, \tau) = \frac{1}{(2\pi)^2}\iint_{z=0}\frac{\cos\theta_1\cos\theta_2}{R_1^2 R_2^2}\mathfrak{D}\Gamma\left(r_1, r_2, \tau-\frac{R_2-R_1}{c}\right)\mathrm{d}^2 r_2'$$

$$(1.102)$$

其中 $\mathfrak{D}$ 是一个微分算符，其表达式为：

$$\mathfrak{D} = 1 + \frac{R_2-R_1}{c}\frac{\partial}{\partial\tau} - \frac{R_2 R_1}{c^2}\frac{\partial^2}{\partial\tau^2} \qquad (1.103)$$

如果点 $P_1(r_1)$ 和 $P_2(r_2)$ 距离初始平面 $z=0$ 许多个波长时，即 $R_1\gg\lambda$，$R_2\gg\lambda$，则有 $1/R_1\ll k$，$1/R_2\ll k$。因此，方程(1.102)可化简为：

$$\Gamma(r_1,r_2,\tau)=-\frac{1}{(2\pi)^2}\iint_{z=0}\frac{\cos\theta_1\cos\theta_2}{R_1R_2}\Gamma''\left(r_1,r_2,\tau-\frac{R_2-R_1}{c}\right)\mathrm{d}^2r_1'\,\mathrm{d}^2r_2'$$

$$(1.104)$$

以上我们推导了交叉谱密度函数 $W(r_1,r_2,v)$ 和互相关函数 $\Gamma(r_1,r_2,\tau)$ 在半自由空间的传输公式。然而这些公式需要知道初始平面 Green 函数的表达式。在许多实际情形中,我们可以利用适当的近似,从而可得到近似传输公式。如图 1.5 所示,假设 $S_1(r_1'),S_2(r_2')$ 处的二次相关函数交叉谱密度函数和互相关函数是已知的。$V(r_1',t),V(r_2',t)$ 分别表示 $S_1(r_1'),S_2(r_2')$ 处的光场分布,$\widetilde{V}(r_1',t),\widetilde{V}(r_2',t)$ 分别表示其相应的光谱幅度。根据 Huygens-Frensnel 积分公式,可得:

$$\widetilde{V}(r_1,t)=\int_A\widetilde{V}(r_1',t)\frac{\mathrm{e}^{ikR_1}}{R_1}\Lambda_1\mathrm{d}^2r_1' \qquad (1.105)$$

$$\widetilde{V}(r_2,t)=\int_A\widetilde{V}(r_2',t)\frac{\mathrm{e}^{ikR_2}}{R_2}\Lambda_2\mathrm{d}^2r_2' \qquad (1.106)$$

其中 Λ_1,Λ_2 是倾斜因子。当衍射角足够小时,有:

$$\Lambda_1(k)\approx\Lambda_2(k)\approx\frac{ik}{2\pi} \qquad (1.107)$$

从方程(1.105)和方程(1.106),可得:

$$\widetilde{V}^*(r_1,v)\widetilde{V}(r_2,v)\approx\int_\Lambda\int_\Lambda\widetilde{V}^*(r_1',v)\widetilde{V}(r_2',v)$$

$$\frac{\mathrm{e}^{i(k'R_2-k_1R_1)}}{R_1R_2}\Lambda_1^*(k)\Lambda_2(k)\mathrm{d}^2r_1'\,\mathrm{d}^2r_2' \qquad (1.108)$$

其中 $k=2\pi v/c,k'=2\pi v'/c$。根据交叉谱密度函数的定义,可得:

$$W(r_1,r_2,v)=\int_\Lambda\int_\Lambda W(r_1',r_2',v)\frac{\mathrm{e}^{ik(R_2-R_1)}}{R_1R_2}\Lambda_1^*(k)\Lambda_2(k)\mathrm{d}^2r_1'\,\mathrm{d}^2r_2'$$

$$(1.109)$$

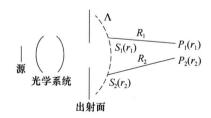

图 1.5　交叉谱密度函数和互相关函数通过一个有限孔的近似传输公式

假设入射场为一准单色场,同时忽略倾斜因子 Λ_1,Λ_2 对频率的依赖,

即 $\Lambda_1 = \Lambda_2$。基于上面的假设,可得:

$$\Gamma(r_1, r_2, \tau) = \iint_\Lambda \frac{\Gamma[r_1', r_2', \tau - (R_2 - R_1)/c]}{R_1 R_2} \overline{\Lambda}_1 * \overline{\Lambda}_1 \, d^2 r_1' \, d^2 r_2'$$

$$(1.110)$$

在实际情况中,$|R_2 - R_1|$ 往往远小于其相干长度 Δv,即

$$\frac{|R_2 - R_1|}{c} \ll \frac{1}{\Delta v} \tag{1.111}$$

因此,有:

$$\Gamma[r_1', r_2', \tau - (R_2 - R_1)/c] \approx \Gamma[r_1', r_2'] e^{ik(R_2 - R_1)} \tag{1.112}$$

将方程(1.112)代入方程(1.110),可得:

$$\Gamma(r_1, r_2) = \iint_\Lambda \Gamma[r_1', r_2'] \frac{e^{ik(R_2 - R_1)}}{R_1 R_2} d^2 r_1' \, d^2 r_2' \tag{1.113}$$

方程(1.113)给出了互相关函数通过一个有限孔的传输公式。

对于更加一般的情形,交叉谱密度函数的传输公式变为:

$$W(r_1, r_2, v) = \iint_\Lambda W(r_1', r_2', v) K^*(r_1, r_1', v) K(r_2, r_2', v) d^2 r_1' \, d^2 r_2'$$

$$(1.114)$$

互相关函数的传输公式可以写为:

$$\Gamma(r_1, r_2, \tau) = \iint_\Lambda \Gamma(r_1', r_2', v) K^*(r_1, r_1', v) K(r_2, r_2', v) d^2 r_1' \, d^2 r_2'$$

$$(1.115)$$

其中 $K(r, r, v)$ 为传播因子。

1.3 光学中的矩阵及矩阵变换

该小节中介绍光线在自由空间,光学系统中传输的矩阵描述方法,为后面章节提供理论基础。重点阐述近轴理想光学系统的基本方法,探讨 $ABCD$ 变换矩阵和 $ABCD$ 定律。理想光学系统可理解为物光线和像光线,物光线上的物点和像光线上的像点具有一一对应的共轭关系,且无像差的光学系统。近轴几何光学是指光线传播方向相对光轴或者坐标轴的角度很小,角度的正弦和正切值可以用角度值来替代,即 $\sin\theta \approx \theta$,$\mathrm{tg}\,\theta \approx \theta$,$\theta \ll 1$[5,6]。

1.3.1　几何光学中的矩阵

几何光学是指在光学中忽略光的衍射现象,光学规律可以用几何学的语言来描述,即研究波长 $\lambda \rightarrow 0$ 的极限情况。几何光学经常遇到的是光线在均匀介质中的直线传播和不同介质界面处的光线偏折以及由这两种情况构成的理想近轴光学系统中的光线传播。任意一条光线的位置和方向可以用 4 个独立的变量完全确定。例如,假设光线传播方向为 z 轴,选定垂直于 z 轴的 xy 平面作为参考面。则这条光线可用该光线与 xy 平面交点的坐标 (x,y) 和光线对 x,y 轴的方向余弦 (θ_x,θ_y) 来确定。如图 1.6 所示,光线通过任意光学系统变换后的位置和方向可以用以上 4 个量来表示。光线变换前后变量之间可以用一个 4×4 的变换矩阵来表示,即:

$$
\begin{bmatrix} x' \\ y' \\ \theta'_x \\ \theta'_y \end{bmatrix} = \begin{bmatrix} A_{11} & A_{12} & B_{11} & B_{12} \\ A_{21} & A_{22} & B_{21} & B_{22} \\ C_{11} & C_{12} & D_{11} & D_{12} \\ C_{21} & C_{22} & D_{21} & D_{22} \end{bmatrix} \begin{bmatrix} x \\ y \\ \theta_x \\ \theta_y \end{bmatrix}
\tag{1.116}
$$

$$
\boldsymbol{r} = \boldsymbol{M}\boldsymbol{r}_0
\tag{1.117}
$$

其中

$$
\boldsymbol{r} = \begin{bmatrix} x' \\ y' \\ \theta'_x \\ \theta'_y \end{bmatrix}
$$

$$
\boldsymbol{r}_0 = \begin{bmatrix} x \\ y \\ \theta_x \\ \theta_y \end{bmatrix}
$$

$$
\boldsymbol{M} = \begin{bmatrix} A_{11} & A_{12} & B_{11} & B_{12} \\ A_{21} & A_{22} & B_{21} & B_{22} \\ C_{11} & C_{12} & D_{11} & D_{12} \\ C_{21} & C_{22} & D_{21} & D_{22} \end{bmatrix}
$$

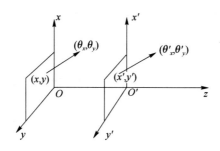

图 1.6 空间近轴光线的传输

其中 M 为光线变换矩阵。如果传输介质沿光线传播方向,即 z 轴,具有轴对称性,(x, θ_x) 和 (y, θ_y) 具有相同的变化。因此方程(1.116)可以用一个 2×2 的变换矩阵来表示:

$$\begin{bmatrix} x' \\ \theta'_x \end{bmatrix} = \begin{bmatrix} A & B \\ C & D \end{bmatrix} \begin{bmatrix} x \\ \theta_x \end{bmatrix} \tag{1.118}$$

其中

$$\boldsymbol{M} = \begin{bmatrix} A & B \\ C & D \end{bmatrix} \tag{1.119}$$

为轴对称光学系统的变换矩阵或 $ABCD$ 矩阵。

如果光线依次通过由 n 个光学元件,每一个传播单元的变换矩阵为 $\boldsymbol{M}_i = \begin{bmatrix} A_i & B_i \\ C_i & D_i \end{bmatrix}$,

$$\begin{bmatrix} x_1 \\ \theta_{x1} \end{bmatrix} = \begin{bmatrix} A_1 & B_1 \\ C_1 & D_1 \end{bmatrix} \begin{bmatrix} x \\ \theta_x \end{bmatrix}$$

$$\begin{bmatrix} x_2 \\ \theta_{x2} \end{bmatrix} = \begin{bmatrix} A_2 & B_2 \\ C_2 & D_2 \end{bmatrix} \begin{bmatrix} x_1 \\ \theta_{x1} \end{bmatrix} \tag{1.120}$$

$$\vdots$$

$$\begin{bmatrix} x_n \\ \theta_n \end{bmatrix} = \begin{bmatrix} A_n & B_n \\ C_n & D_n \end{bmatrix} \begin{bmatrix} x_{n-1} \\ \theta_{xn-1} \end{bmatrix}$$

将整个光学系统看成一个整体,其整体光学变换矩阵可表示为:

$$\boldsymbol{M} = \boldsymbol{M}_n \boldsymbol{M}_{n-1} \cdots \boldsymbol{M}_1$$

$$= \begin{bmatrix} A_n & B_n \\ C_n & D_n \end{bmatrix} \begin{bmatrix} A_{n-1} & B_{n-1} \\ C_{n-1} & D_{n-1} \end{bmatrix} \cdots \begin{bmatrix} A_1 & B_1 \\ C_1 & D_1 \end{bmatrix} \tag{1.121}$$

入射到光学元件前的近轴球面波曲率半径 R 等于:

$$R = \frac{x}{\theta_x} \qquad (1.122)$$

根据方程(1.118),从一个 $ABCD$ 光学元件出射后的近轴球面波曲率半径

$$R' = \frac{AR+B}{CR+D} \qquad (1.123)$$

或者

$$\frac{1}{R'} = \frac{C+D/R}{A+B/R} \qquad (1.124)$$

$ABCD$ 矩阵行列式的值 $\det \boldsymbol{M}$ 仅由入射光线和出射光线所在空间的折射率来决定:

$$\det \boldsymbol{M} = AD - BC = \frac{n_1}{n_2} \qquad (1.125)$$

如果入射光线和出射光线处于同一空间,即 $n_1 = n_2$,则

$$\det \boldsymbol{M} = AD - BC = 1 \qquad (1.126)$$

计算光学系统的整体变换矩阵时应该注意变换矩阵的顺序。

符号规则如下:

(1) 在光轴上方 x 为正,光轴下方 x 为负;光线出射方向指向光轴上方 θ 为正,指向光轴下方 θ 为负,如图 1.7 所示;

(2) 凸面镜曲率半径 $\rho > 0$,凹面镜曲率半径 $\rho < 0$;

(3) 发散球面波波面曲率半径 $R < 0$,会聚球面波波面曲率半径 $R > 0$;

(4) 凸折射面曲率半径 $\rho > 0$,凹折射面曲率半径 $\rho < 0$。

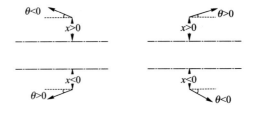

图 1.7 x, θ 的正负规则示意图

为了方便后续章节的计算和仿真,接下来介绍一下几种典型的光线变换矩阵[5-7]。

1. 自由空间的光线变换矩阵

由图 1.8 可知,

$$\begin{cases} x' = x + l \cdot \mathrm{tg}\,\theta = x + l \cdot \theta \\ \theta' = \theta \end{cases} \tag{1.127}$$

$$\begin{bmatrix} x' \\ \theta' \end{bmatrix} = \begin{bmatrix} 1 & l \\ 0 & 1 \end{bmatrix} \begin{bmatrix} x \\ \theta \end{bmatrix} \tag{1.128}$$

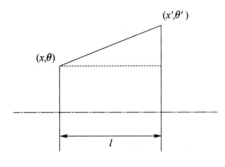

图 1.8 自由空间

因此自由空间的光线变换矩阵为:

$$\boldsymbol{M} = \begin{bmatrix} 1 & l \\ 0 & 1 \end{bmatrix} \tag{1.129}$$

2. 平面介质界面折射光线变换矩阵

折射率为 n_1, n_2 的两种均匀介质构成平面界面。光线从折射率为 n_1 的介质入射,折射后从 n_2 介质射出 ,如图 1.9 所示。

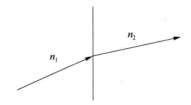

图 1.9 平面介质界面折射

由折射定律可知:

$$n_1 \sin \theta_1 = n_2 \sin \theta_2 \tag{1.130}$$

对于近轴光线而言 $\sin\theta\approx\theta$,因此

$$n_1\theta_1=n_2\theta_2 \tag{1.131}$$

$$\begin{cases} x_2=x_1 \\ \theta_2=\dfrac{n_2}{n_1}\theta_1 \end{cases} \tag{1.132}$$

即:

$$\begin{bmatrix} x_2 \\ \theta_2 \end{bmatrix} = \begin{bmatrix} 1 & 0 \\ 0 & \dfrac{n_1}{n_2} \end{bmatrix} \begin{bmatrix} x_1 \\ \theta_1 \end{bmatrix} \tag{1.133}$$

所以平面介质界面的光线变换矩阵

$$M = \begin{bmatrix} 1 & 0 \\ 0 & \dfrac{n_1}{n_2} \end{bmatrix} \tag{1.134}$$

3. 球面介质界面折射光线变换矩阵

两种折射率分别为 n_1,n_2 构成的凹球面界面,光线从折射率为 n_1 的介质入射,折射后从 n_2 介质射出,球面镜曲率半径为 R,如图 1.10 所示。

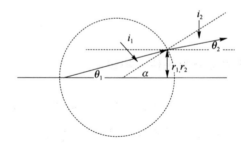

图 1.10　球面介质界面折射

对于近轴光线

$$n_1 i_1 = n_2 i_2 \tag{1.135}$$

由几何关系可知

$$\begin{cases} \alpha = i_1 + \theta_1 \\ \alpha = i_2 + \theta_2 \\ \alpha = \dfrac{r_1}{R} \end{cases} \tag{1.136}$$

$$i_1 + \theta_1 = \frac{r_1}{R}, i_2 + \theta_2 = \frac{r_1}{R_1}$$

因此

$$\theta_2 = \frac{r_1}{R} - i_2 = \frac{r_1}{R} - \frac{n_1}{n_2}i_1 = \frac{n_2 - n_1}{n_2 R}r_1 + \frac{n_1}{n_2}\theta_1 \tag{1.137}$$

$$\begin{cases} r_2 = r_1 \\ \theta_2 = \dfrac{n_2 - n_1}{n_2 R}r_1 + \dfrac{n_1}{n_2}\theta_1 \end{cases} \tag{1.138}$$

即：

$$\begin{bmatrix} r_2 \\ \theta_2 \end{bmatrix} = \begin{bmatrix} 1 & 0 \\ \dfrac{n_2 - n_1}{n_2 R} & \dfrac{n_1}{n_2} \end{bmatrix} \tag{1.139}$$

因此，球面介质界面折射光线变换矩阵为：

$$\boldsymbol{M} = \begin{bmatrix} 1 & 0 \\ \dfrac{n_2 - n_1}{n_2 R} & \dfrac{n_1}{n_2} \end{bmatrix} \tag{1.140}$$

4. 平面反射光线变换矩阵

光线入射到平面，如图 1.11 所示。

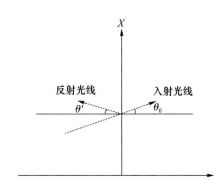

图 1.11　平面反射

反射以后光线的变换关系为：

$$x' = x_0$$
$$\theta' = \theta_0 \tag{1.141}$$

即：

$$\begin{bmatrix} x' \\ \theta' \end{bmatrix} = \begin{bmatrix} 1 & 0 \\ 0 & 1 \end{bmatrix} \begin{bmatrix} x \\ \theta \end{bmatrix} \tag{1.142}$$

因此平面反射光线变换矩阵为：

$$\boldsymbol{M} = \begin{bmatrix} 1 & 0 \\ 0 & 1 \end{bmatrix} \tag{1.143}$$

5. 球面反射光线变换矩阵

如图 1.12 所示,光线入射到曲率半径为 ρ 的球面反射镜上。对于近轴光线 $\sin\theta \approx \theta, \mathrm{tg}\theta \approx \theta, \theta \ll 1$,由反射定律以及入射光线和反射光线之间关系可知：

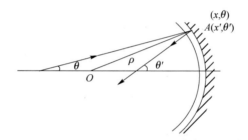

图 1.12　球面反射

$$\begin{cases} x' = x \\ \theta' = -\dfrac{2}{\rho}x + \theta \end{cases} \tag{1.144}$$

即：

$$\begin{bmatrix} x' \\ \theta' \end{bmatrix} = \begin{bmatrix} 1 & 0 \\ -\dfrac{2}{\rho} & 1 \end{bmatrix} \begin{bmatrix} x \\ \theta \end{bmatrix} \tag{1.145}$$

因此球面反射光线变换矩阵为：

$$\boldsymbol{M} = \begin{bmatrix} 1 & 0 \\ -\dfrac{2}{\rho} & 1 \end{bmatrix} \tag{1.146}$$

6. 理想薄透镜光线变换矩阵

理想薄透镜的厚度可看作零,如图 1.13 所示,因此理想薄透镜对光线的变换可以看成是两个曲率半径为 ρ_1 和 ρ_2 球面界面连续折射。因此,由方程(1.121)可知:

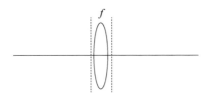

图 1.13 理想薄透镜

$$M = M_2 M_1 \tag{1.147}$$

$$M_1 = \begin{bmatrix} 1 & 0 \\ \dfrac{n-1}{n\rho_1} & \dfrac{1}{n} \end{bmatrix} \tag{1.148}$$

$$M_2 = \begin{bmatrix} 1 & 0 \\ \dfrac{1-n}{\rho_2} & n \end{bmatrix} \tag{1.149}$$

$$M_2 = \begin{bmatrix} 1 & 0 \\ \dfrac{1-n}{\rho_2} & n \end{bmatrix} \begin{bmatrix} 1 & 0 \\ \dfrac{n-1}{n\rho_1} & \dfrac{1}{n} \end{bmatrix}$$

$$= \begin{bmatrix} 1 & 0 \\ -(n-1)\left(\dfrac{1}{\rho_2}-\dfrac{1}{\rho_1}\right) & 1 \end{bmatrix} \tag{1.150}$$

定义:

$$\frac{1}{f} = (n-1)\left(\frac{1}{\rho_2}-\frac{1}{\rho_1}\right) \tag{1.151}$$

因此,理想薄透镜的光线变换矩阵为:

$$M = \begin{bmatrix} 1 & 0 \\ -\dfrac{1}{f} & 1 \end{bmatrix} \tag{1.152}$$

7. 望远镜系统

如图 1.14 所示,由两个焦距分别为 f_1 和 f_2,间距 $l = f_1 + f_2$ 构成的一个望远镜系统。由方程(1.129)和(1.152)可知望远镜系统的光线变换矩阵可表示为：

$$M = \begin{bmatrix} 1 & 0 \\ -\dfrac{1}{f_1} & 1 \end{bmatrix} \begin{bmatrix} 1 & f_1+f_2 \\ 0 & 1 \end{bmatrix} \begin{bmatrix} 1 & 0 \\ -\dfrac{1}{f_2} & 1 \end{bmatrix}$$

$$= \begin{bmatrix} -\dfrac{f_2}{f_1} & l \\ 0 & -\dfrac{f_2}{f_1} \end{bmatrix} \tag{1.153}$$

其中 $-\dfrac{f_2}{f_1}$ 为望远镜的放大系数。

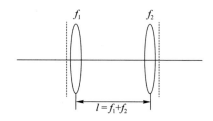

图 1.14　望远镜系统

表 1.1 为常用光线变换表。

表 1.1　常用光线变换表[6]

	示意图	变换矩阵
自由空间		$\begin{bmatrix} 1 & l \\ 0 & 1 \end{bmatrix}$
平面介质界面折射		$\begin{bmatrix} 1 & 0 \\ 0 & \dfrac{n_1}{n_2} \end{bmatrix}$

续 表

	示意图	变换矩阵
球面介质界面折射		$\begin{bmatrix} 1 & 0 \\ \dfrac{n_2-n_1}{n_2 R} & \dfrac{n_1}{n_2} \end{bmatrix}$
平面反射		$\begin{bmatrix} 1 & 0 \\ 0 & 1 \end{bmatrix}$
球面反射		$\begin{bmatrix} 1 & 0 \\ -\dfrac{2}{\rho} & 1 \end{bmatrix}$
理想薄透镜		$\begin{bmatrix} 1 & 0 \\ -\dfrac{1}{f} & 1 \end{bmatrix}$
望远镜系统		$\begin{bmatrix} -\dfrac{f_2}{f_1} & l \\ 0 & -\dfrac{f_2}{f_1} \end{bmatrix}$
厚透镜		$\begin{bmatrix} 1-\dfrac{h_2}{f} & h_1+h_2-\dfrac{h_1 h_2}{f} \\ -\dfrac{1}{f} & 1-\dfrac{h_1}{f} \end{bmatrix}$
热透镜		$\begin{bmatrix} 1+\gamma l^2 & l/n_0 \\ 2\gamma n_0 l & 1+\gamma l^2 \end{bmatrix}$ $n=n_0(1+\gamma r^2)$

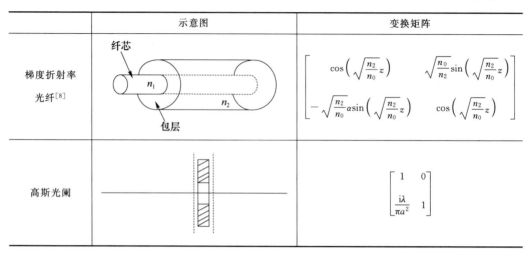

	示意图	变换矩阵
梯度折射率 光纤[8]	纤芯 n_1 包层 n_2	$\begin{bmatrix} \cos\left(\sqrt{\dfrac{n_2}{n_0}}z\right) & \sqrt{\dfrac{n_0}{n_2}}\sin\left(\sqrt{\dfrac{n_2}{n_0}}z\right) \\ -\sqrt{\dfrac{n_2}{n_0}}\alpha\sin\left(\sqrt{\dfrac{n_2}{n_0}}z\right) & \cos\left(\sqrt{\dfrac{n_2}{n_0}}z\right) \end{bmatrix}$
高斯光阑		$\begin{bmatrix} 1 & 0 \\ \dfrac{\mathrm{i}\lambda}{\pi a^2} & 1 \end{bmatrix}$

1.3.2 高斯光束的矩阵变换

高斯光束其表达式为[7,8]：

$$E(x,y,z)=E_0\,\frac{w_0}{w(z)}\exp\left\{-\mathrm{i}k\left[z+\frac{x^2+y^2}{2}\left(\frac{1}{R(z)}-\frac{2j}{kw^2(z)}\right)\right]+\mathrm{i}\varphi(z)\right\}$$

(1.154)

其中 $w(z)$ 是高斯光束的光斑半径；w_0 为束腰宽度，是高斯光束最小的光斑半径；$R(z)$ 为波面曲率半径；$\varphi(z)$ 为附加相位。

定义一个新参数

$$\frac{1}{q(z)}=\frac{1}{R(z)}-\mathrm{i}\,\frac{\lambda}{\pi w^2(z)}$$

(1.155)

如果该复参数 $q(z)$ 确定，则 $w(z)$ 和 $R(z)$ 也确定了。该参数称为高斯光束的 q 参数。因此，方程（1.154）可以重新写为：

$$E(x,y,z)=E_0\,\frac{w_0}{w(z)}\exp\left\{-\mathrm{i}\left[k\left(z+\frac{x^2+y^2}{2q(z)}\right)-\varphi(z)\right]\right\}$$

(1.156)

由方程（1.154），高斯光束可以看成是一个复曲率半径在随传输距离变化的一个球面波。因此球面波曲率半径 $R(z)$ 变化规律的 $ABCD$ 定律〔方程（1.123）〕同样也可以用于复曲率半径的变换，即：

$$q_2=\frac{Aq_1+B}{Cq_1+D}$$

(1.157)

$ABCD$ 是光学元件或者光学系统对应的变换矩阵元。

下面我们通过几个例子来说明高斯光束的矩阵变换。

(1) 如图 1.15 所示,由两个焦距分别为 f_1,f_2 的薄透镜组成的薄透镜序列,透镜间距为 d。一个透镜组合的光线变换矩阵为:

$$\boldsymbol{M} = \begin{bmatrix} 1 & 0 \\ -\dfrac{1}{f_2} & 1 \end{bmatrix} \begin{bmatrix} 1 & d \\ 0 & 1 \end{bmatrix} \begin{bmatrix} 1 & 0 \\ -\dfrac{1}{f_1} & 1 \end{bmatrix} \begin{bmatrix} 1 & d \\ 0 & 1 \end{bmatrix}$$

$$= \begin{bmatrix} 1 - \dfrac{d}{f_2} & d\left(2 - \dfrac{d}{f_1}\right) \\ -\left(\dfrac{1}{f_1} + \dfrac{1}{f_2} - \dfrac{d}{f_2 f_1}\right) & -\dfrac{d}{f_1} + \left(1 - \dfrac{d}{f_1}\right)\left(1 - \dfrac{d}{f_2}\right) \end{bmatrix} \tag{1.158}$$

$$A = 1 - \frac{d}{f_2}$$

$$B = d\left(2 - \frac{d}{f_1}\right)$$

$$C = -\left(\frac{1}{f_1} + \frac{1}{f_2} - \frac{d}{f_2 f_1}\right) \tag{1.159}$$

$$D = -\frac{d}{f_1} + \left(1 - \frac{d}{f_1}\right)\left(1 - \frac{d}{f_2}\right)$$

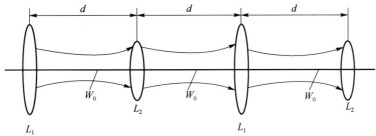

图 1.15 理想薄透镜序列

如果由 n 个透镜组合组成的变换矩阵为:

$$\boldsymbol{M}^{\mathrm{T}} = \begin{bmatrix} A & B \\ C & D \end{bmatrix}^n \tag{1.160}$$

因此,根据西尔维斯定理,$\boldsymbol{M}^{\mathrm{T}}$ 每个矩阵元可表示为:

$$A_T = \frac{A\sin(n\theta) - \sin[(n-1)\theta]}{\sin\theta}$$

$$B_T = \frac{B\sin(n\theta)}{\sin\theta}$$

$$C_T = \frac{C\sin(n\theta)}{\sin\theta} \tag{1.161}$$

$$D_T = \frac{D\sin(n\theta) - \sin[(n-1)\theta]}{\sin\theta}$$

其中

$$\cos\theta = \frac{1}{2}(A+D) = 1 - \frac{d}{f_1} - \frac{d^2}{f_2} + \frac{d^2}{2f_1 f_2} \tag{1.162}$$

θ 为实数的条件是：

$$|\cos\theta| = \left|\frac{A+D}{2}\right| \leqslant 1 \tag{1.163}$$

或者

$$0 \leqslant \left(1 - \frac{d}{2f_1}\right)\left(1 - \frac{d}{2f_2}\right) \leqslant 1 \tag{1.164}$$

如果用反射镜替代透镜，方程(1.164)就是谐振腔的稳定性条件，只有光学参数满足该条件的谐振腔才是稳定腔或者低损耗腔。

(2) 类透镜介质中的光线变换

梯度折射率光纤就是一种典型的类透镜介质。这种光纤折射率沿光纤的变化规律为：

$$n(x,y,z) = n_0 - \frac{n_2}{2}(x^2 + y^2) \tag{1.165}$$

其中 n_0 是光纤轴上的折射率，n_2 是折射率的梯度系数。梯度折射率光纤的光线变换矩阵可表示为：

$$\boldsymbol{M} = \begin{bmatrix} \cos\left(\sqrt{\frac{n_2}{n_0}}z\right) & \sqrt{\frac{n_0}{n_2}}\sin\left(\sqrt{\frac{n_2}{n_0}}z\right) \\ -\sqrt{\frac{n_2}{n_0}}\alpha\sin\left(\sqrt{\frac{n_2}{n_0}}z\right) & \cos\left(\sqrt{\frac{n_2}{n_0}}z\right) \end{bmatrix} \tag{1.166}$$

因此高斯光束的 $q(z)$ 在梯度折射率光纤中的变化规律为：

$$q(z) = \frac{iq_0\cos\left(\sqrt{\frac{n_2}{n_0}}z\right) + \sqrt{\frac{n_0}{n_2}}\sin\left(\sqrt{\frac{n_2}{n_0}}z\right)}{-iq_0\sqrt{\frac{n_2}{n_0}}\alpha\sin\left(\sqrt{\frac{n_2}{n_0}}z\right) + \cos\left(\sqrt{\frac{n_2}{n_0}}z\right)} \tag{1.167}$$

其中 $q_0 = \dfrac{\pi w_0^2}{\lambda}$ 是高斯光束的焦参数。根据 $q(z)$ 的定义式(1.155)以及方程(1.167)可以得出：

$$w^2(z) = w_0^2 \left[1 + \left(\frac{n_0}{n_2 q_0^2} - 1 \right) \sin^2 \left(\sqrt{\frac{n_2}{n_0}} z \right) \right] \tag{1.168}$$

$$R(z) = \frac{1}{1 - \dfrac{n_2 q_0^2}{n_0}} \sqrt{\frac{n_2}{n_0}} tg \left(\sqrt{\frac{n_2}{n_0}} z \right) \left[1 + \frac{1}{\dfrac{n_0}{n_2 q_0^2} tg^2 \left(\sqrt{\dfrac{n_2}{n_0}} z \right)} \right] \tag{1.169}$$

方程(1.168)和方程(1.169)是高斯光束在梯度折射率光纤中传输时光束束宽和曲率半径随着传输距离的变化规律。

1.3.3　偏振光学变换矩阵

1. 偏振光的琼斯列矩阵表示

众所周知,任何单色偏振光都可以用 x, y 方向上的两个电场分量来表示：

$$E_x = E_{x0} \cos(\omega t - kz + \psi_{x0}) \tag{1.170}$$

$$E_y = E_{y0} \cos(\omega t - kz + \psi_{y0}) \tag{1.171}$$

其中 E_x, E_y 分别是电磁场 x, y 方向上的分量,E_{x0}, E_{y0} 分别是 x, y 方向的振幅,ψ_{x0}, ψ_{y0} 是 x, y 方向上分量的初相位,k 为波矢,ω 为圆频率。使用电磁场的复指数表示形式,方程(1.170)和(1.171)可写为：

$$E_x = E_{x0} e^{i(\omega t - kz + \psi_{x0})} \tag{1.172}$$

$$E_y = E_{y0} e^{i(\omega t - kz + \psi_{y0})} \tag{1.173}$$

因此方程(1.172)和方程(1.173)表示的偏振光可以用一个二维列矩阵来描述,可写为：

$$\begin{bmatrix} E_x \\ E_y \end{bmatrix} = \begin{bmatrix} E_{x0} e^{i(\omega t - kz + \psi_{x0})} \\ E_{y0} e^{i(\omega t - kz + \psi_{y0})} \end{bmatrix}$$

$$= e^{i(\omega t - kz + \psi_{x0})} \begin{bmatrix} E_{x0} \\ E_{y0} \cdot e^{i\psi} \end{bmatrix} \tag{1.174}$$

其中 $\psi = \psi_{y0} - \psi_{x0}$。相位差 ψ 的取值范围为：$-\pi \leqslant \psi \leqslant \pi$。$-\pi < \psi < 0$,则 y

分量落后 x 分量;$0 < \psi < \pi$,y 分量超前 x 分量;$\psi = 0$,x,y 分量同相;$\psi = \pm \pi$,x,y 分量反向。$e^{i(\omega t - kz + \psi_{x0})}$ 是 x 和 y 分量共有的相位部分,在实际应用中更关心的是两个分量的差别,因此在运算中通常将这一项忽略,如果有必要时,在实际运算中要把这一项补上。因此,一个偏振光可以表示为琼斯矢量或者琼斯列矩阵:

$$\boldsymbol{E} = \begin{bmatrix} E_{x0} \\ E_{y0}\,e^{i\psi} \end{bmatrix} \tag{1.175}$$

在实际应用中,测量的都是电磁波的强度。光强可表示为:

$$I = \boldsymbol{E}^{+}\boldsymbol{E} = (E_{x0}, E_{y0}\,e^{i\psi})^{*} \cdot \begin{bmatrix} E_{x0} \\ E_{y0}\,e^{i\psi} \end{bmatrix}$$

$$= E_{x0}^{2} + E_{y0}^{2} \tag{1.176}$$

其中 $(E_{x0}, E_{y0}\,e^{i\psi})^{*}$ 是琼斯列矩阵的转置共轭变换,表示为 $\boldsymbol{E}^{+}$。

在实际偏振计量中,对总的光强不关心。常将强度的平方根作为一个共同因子提到矩阵前面,即:

$$\boldsymbol{E} = \sqrt{E_{x0}^{2} + E_{y0}^{2}} \begin{bmatrix} \cos\theta \\ \sin\theta \cdot e^{i\psi} \end{bmatrix} \tag{1.177}$$

其中 $\cos\theta = E_{x0} / \sqrt{E_{x0}^{2} + E_{y0}^{2}}$,$\sin\theta = E_{y0} / \sqrt{E_{x0}^{2} + E_{y0}^{2}}$。$\mathrm{tg}\theta = E_{y0} / E_{x0}$ 是振幅比。

$$\begin{bmatrix} \cos\theta \\ \sin\theta \cdot e^{i\psi} \end{bmatrix} \tag{1.178}$$

称之为归一化琼斯列矩阵。

常见偏振光的琼斯列矩阵见表 1.2。

表 1.2　常见偏振光的琼斯列矩阵

偏振态	琼斯列矩阵	归一化琼斯列矩阵
右旋正椭圆	$\begin{bmatrix} E_{x0} \\ E_{y0}\,e^{i\pi/2} \end{bmatrix} = \begin{bmatrix} E_{x0} \\ iE_{y0} \end{bmatrix}$	$\begin{bmatrix} \cos\theta \\ i\sin\theta \end{bmatrix}$
左旋正椭圆	$\begin{bmatrix} E_{x0} \\ E_{y0}\,e^{-i\pi/2} \end{bmatrix} = \begin{bmatrix} E_{x0} \\ -iE_{y0} \end{bmatrix}$	$\begin{bmatrix} \cos\theta \\ -i\sin\theta \end{bmatrix}$

偏振态	琼斯列矩阵	归一化琼斯列矩阵
右旋圆偏振	$\begin{bmatrix} E_{x0} \\ E_{y0}\,\mathrm{e}^{\mathrm{i}\pi/2} \end{bmatrix} = E_0 \begin{bmatrix} 1 \\ \mathrm{i} \end{bmatrix}$	$\dfrac{1}{\sqrt{2}} \begin{bmatrix} 1 \\ \mathrm{i} \end{bmatrix}$
左旋圆偏振	$\begin{bmatrix} E_{x0} \\ E_{y0}\,\mathrm{e}^{-\mathrm{i}\pi/2} \end{bmatrix} = E_0 \begin{bmatrix} 1 \\ -\mathrm{i} \end{bmatrix}$	$\dfrac{1}{\sqrt{2}} \begin{bmatrix} 1 \\ -\mathrm{i} \end{bmatrix}$
沿 x 轴线偏振	$\begin{bmatrix} E_{x0} \\ 0 \end{bmatrix} = E_0 \begin{bmatrix} 1 \\ 0 \end{bmatrix}$	$\begin{bmatrix} 1 \\ 0 \end{bmatrix}$
沿 y 轴线偏振	$\begin{bmatrix} 0 \\ E_{y0} \end{bmatrix} = E_0 \begin{bmatrix} 0 \\ 1 \end{bmatrix}$	$\begin{bmatrix} 0 \\ 1 \end{bmatrix}$
一、三象限线偏振	$\begin{bmatrix} E_{x0} \\ E_{y0} \end{bmatrix}$	$\begin{bmatrix} \cos\theta \\ \sin\theta \end{bmatrix}$
二、四象限线偏振	$\begin{bmatrix} E_{x0} \\ -E_{y0} \end{bmatrix}$	$\begin{bmatrix} \cos\theta \\ -\sin\theta \end{bmatrix}$

两束同频、同方向的偏振光叠加可以用列矩阵相加来求解。如一束强度为 1 的左旋偏振光和一束强度为 1 的右旋偏振光,当相位相同时,相叠加后变成一束沿着 x 方向振动的强度为 2 的线偏振光。

$$\frac{1}{\sqrt{2}} \begin{bmatrix} 1 \\ -\mathrm{i} \end{bmatrix} + \frac{1}{\sqrt{2}} \begin{bmatrix} 1 \\ \mathrm{i} \end{bmatrix} = \frac{1}{\sqrt{2}} \begin{bmatrix} 2 \\ 0 \end{bmatrix} \tag{1.179}$$

如果两者相位差为 θ,则

$$\frac{\mathrm{e}^{\mathrm{i}\theta}}{\sqrt{2}} \begin{bmatrix} 1 \\ -\mathrm{i} \end{bmatrix} + \frac{1}{\sqrt{2}} \begin{bmatrix} 1 \\ \mathrm{i} \end{bmatrix} = \frac{2}{\sqrt{2}} \mathrm{e}^{\mathrm{i}\frac{\theta}{2}} \begin{bmatrix} \cos\dfrac{\theta}{2} \\ \sin\dfrac{\theta}{2} \end{bmatrix} \tag{1.180}$$

叠加后为一束线偏振光,线偏振光的偏振方向和 x 轴的夹角为 $\dfrac{\theta}{2}$。

一束与 x 轴成 $45°$ 一三象限的单位线偏振光与一束和 x 轴成 $45°$ 在二、四象限单位线偏振光叠加,如果两束偏振光相位相同,则叠加成沿着 x

方向振动的线偏振光：

$$\frac{1}{\sqrt{2}}\begin{bmatrix}1\\1\end{bmatrix}+\frac{1}{\sqrt{2}}\begin{bmatrix}1\\-1\end{bmatrix}=\frac{1}{\sqrt{2}}\begin{bmatrix}2\\0\end{bmatrix} \tag{1.181}$$

如果两者相位差为$\frac{\pi}{2}$，则叠加后为一个右旋园偏振光：

$$\frac{1}{\sqrt{2}}\begin{bmatrix}1\\1\end{bmatrix}+\frac{1}{\sqrt{2}}e^{i\frac{\pi}{2}}\begin{bmatrix}1\\-1\end{bmatrix}=\frac{1-i}{\sqrt{2}}\begin{bmatrix}1\\i\end{bmatrix} \tag{1.182}$$

一束偏振光可以分解为两个相互正交的琼斯矢量。两个正交的琼斯矢量满足以下表达式：

$$\boldsymbol{E}_1^{+}\boldsymbol{E}_2=\boldsymbol{E}_2^{+}\boldsymbol{E}_1=0 \tag{1.183}$$

其中＋表示转置共轭。

如果两个琼斯矢量不仅正交，同时还是一个强度均为1，则这两个琼斯矢量是正交归一的矢量对。

$$\mathbf{e}_x=\begin{bmatrix}1\\0\end{bmatrix} \qquad 和 \qquad \mathbf{e}_y=\begin{bmatrix}0\\1\end{bmatrix} \tag{1.184}$$

$$\mathbf{e}_l=\frac{1}{\sqrt{2}}\begin{bmatrix}1\\-i\end{bmatrix} \qquad 和 \qquad \mathbf{e}_r=\frac{1}{\sqrt{2}}\begin{bmatrix}1\\i\end{bmatrix} \tag{1.185}$$

都是正交归一化的琼斯矢量。

任意一个琼斯矢量都可以分解为：

$$\boldsymbol{E}_{x,y}=E_x\mathbf{e}_x+E_y\mathbf{e}_y \tag{1.186}$$

或者

$$\begin{bmatrix}E_x\\E_y\end{bmatrix}=E_x\begin{bmatrix}1\\0\end{bmatrix}+E_y\begin{bmatrix}0\\1\end{bmatrix} \tag{1.187}$$

假设单轴双折射介质的光轴平行于光的入射表面，两个主方向分别为u（快方向）和v，入射光为$\begin{bmatrix}E_{u1}\\E_{v1}\end{bmatrix}$，出射光为$\begin{bmatrix}E_{u2}\\E_{v2}\end{bmatrix}$，则

$$\begin{bmatrix}E_{u2}\\E_{v2}\end{bmatrix}=\begin{bmatrix}e^{i\theta_u}&0\\0&e^{i\theta_v}\end{bmatrix}\begin{bmatrix}E_{u1}\\E_{v1}\end{bmatrix}=e^{i\theta}\begin{bmatrix}e^{i\frac{\theta}{2}}&0\\0&e^{-i\frac{\theta}{2}}\end{bmatrix}\begin{bmatrix}E_{u1}\\E_{v1}\end{bmatrix} \tag{1.188}$$

其中$\theta=\theta_u-\theta_v$。因此，

$$\begin{bmatrix} e^{i\frac{\theta}{2}} & 0 \\ 0 & e^{-i\frac{\theta}{2}} \end{bmatrix} \tag{1.189}$$

为快速方向在 u 方向的双折射琼斯矩阵。

如果介质是单轴二向色性,光轴平行于光入射表面。o 光和 e 光的消光系数分别为 K_o 和 K_e。假设厚度为 d,光轴方向沿着 u 方向,则琼斯矩阵为:

$$\mathbf{T}_{u,v} = e^{-i2\pi nd/\lambda} \begin{bmatrix} e^{-2\pi K_e d/\lambda} & 0 \\ 0 & e^{-2\pi K_o d/\lambda} \end{bmatrix} \tag{1.190}$$

其中 $\alpha_1 = \dfrac{4\pi K_e}{\lambda}, \alpha_2 = \dfrac{4\pi K_o}{\lambda}$ 分别表示 e 光和 o 光的强度吸收率。$K_e - K_o$ 表示介质的二向色性。如果 $K_e > K_o$ 为正向色性,反之称为负二向色性。如果 $K_e = 0, K_o = \infty$,忽略共同因子则方程(1.191)可简化为:

$$T_{u,v} = \begin{bmatrix} 1 & 0 \\ 0 & 0 \end{bmatrix} \tag{1.191}$$

这是主方向位于 u 轴的理想偏振器对应的琼斯矩阵,理想偏振器对 o 光吸收,只让 e 光通过。

如果偏振器的透光方向 u 轴与 x 轴夹角为 θ,则偏振器的琼斯矩阵可表示为:

$$\begin{aligned} \mathbf{T}_{x,y} &= \mathbf{R}(-\theta)\mathbf{T}_{u,v}\mathbf{R}(\theta) \\ &= \begin{bmatrix} \cos\theta & -\sin\theta \\ \sin\theta & \cos\theta \end{bmatrix} \begin{bmatrix} 1 & 0 \\ 0 & 0 \end{bmatrix} \begin{bmatrix} \cos\theta & \sin\theta \\ -\sin\theta & \cos\theta \end{bmatrix} \\ &= \begin{bmatrix} \cos^2\theta & \sin\theta\cos\theta \\ \cos\theta\sin\theta & \sin^2\theta \end{bmatrix} \end{aligned} \tag{1.192}$$

如果偏振光通过厚度为 d,旋光比例为 a 的旋光物质,线偏振光依然是线偏振光,但是椭圆长轴方向旋转了一个角度 $\theta = ad$,其对应的琼斯矩阵为:

$$\mathbf{T}_\theta = e^{-i2\pi nd/\lambda} \begin{bmatrix} \cos\theta & -\sin\theta \\ \sin\theta & \cos\theta \end{bmatrix} \tag{1.193}$$

忽略其共同因子,则有:

$$\mathbf{T}_\theta = \begin{bmatrix} \cos\theta & -\sin\theta \\ \sin\theta & \cos\theta \end{bmatrix} \tag{1.194}$$

假设偏振光从折射率为 n_1 的介质斜入射到折射率为 n_2 的介质中；入射光电场矢量平行于入射面的分量为 p 分量，垂直于入射面的分量为 s 分量，则斜反射的琼斯矩阵可表示为：

$$T = \begin{bmatrix} r_s & 0 \\ 0 & r_p \end{bmatrix} = |r_s| e^{i\varphi_s} \begin{bmatrix} 1 & 0 \\ 0 & \mathrm{tg}\phi\, e^{i\Delta} \end{bmatrix} \tag{1.195}$$

其中 $\mathrm{tg}\,\phi = \left| \dfrac{r_p}{r_s} \right|$，$\Delta = \varphi_p - \varphi_s$。$r_s$ 和 r_p 满足菲涅耳反射定律，即：

$$r_s = \frac{n_1 \cos\theta_1 - n_2 \cos\theta_2}{n_1 \cos\theta_1 + n_2 \cos\theta_2} \tag{1.196}$$

$$r_p = \frac{n_2 \cos\theta_1 - n_1 \cos\theta_2}{n_2 \cos\theta_1 + n_1 \cos\theta_2}$$

其中 θ_1 为入射角，θ_2 为折射角，n_1 为入射方的介质折射率，n_2 为折射方的介质折射率。

如图 1.16 所示，如果在基底介质平面上镀一层透明薄膜，这时候在反射方向会发生多光束干涉，根据多光束干涉公式，则反射系数可表示为：

$$r_s = \frac{r_{1s} + r_{2s} e^{-2i\alpha}}{1 + r_{1s} r_{1s} e^{-2i\alpha}}$$

$$r_p = \frac{r_{1p} + r_{2p} e^{-2i\alpha}}{1 + r_{1p} r_{1p} e^{-2i\alpha}} \tag{1.197}$$

其中

$$\alpha = \frac{2\pi}{\lambda} d n_2 \cos\theta_2$$

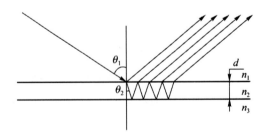

图 1.16　斜入射到镀膜介质表面示意图

2. 偏振光的斯托克斯列矩阵表示

斯托克斯参量是一个可以测量的量，其量纲是光强。斯托克斯参量

不仅可以描述完全偏振光,同时还可以描述部分偏振光和自然光。对于准单色波可以写为:

$$\boldsymbol{E}_{xy}(t) = \begin{bmatrix} E_x(t)\,\mathrm{e}^{\mathrm{i}\varphi_x(t)} \\ E_y(t)\,\mathrm{e}^{\mathrm{i}\varphi_y(t)} \end{bmatrix} \tag{1.198}$$

对于准单色波斯托克斯参量定义为:

$$S_0 = \langle E_x^2(t) + E_y^2(t) \rangle$$
$$S_1 = \langle E_x^2(t) - E_y^2(t) \rangle$$
$$S_2 = 2\langle E_x(t)E_y(t)\cos[\varphi_y(t) - \varphi_x(t)]\rangle$$
$$S_3 = 2\langle E_x(t)E_y(t)\sin[\varphi_y(t) - \varphi_x(t)]\rangle \tag{1.199}$$

其中 $\langle v \rangle$ 是指对 v 求时间平均,

$$\langle v \rangle = \frac{1}{T}\int_0^T v\,\mathrm{d}t \tag{1.200}$$

其中时间间隔 T 足够长。

琼斯列和斯托克斯参量的对比见表 1.3。

表 1.3　琼斯列和斯托克斯参量的对比

		琼斯列	斯托克斯参量	
线偏振光		沿 x 方向 $\begin{bmatrix} 1 \\ 0 \end{bmatrix}$	$\alpha = 0$ $\varphi = 0$	$\begin{bmatrix} 1 \\ 1 \\ 0 \\ 0 \end{bmatrix}$
		沿 y 方向 $\begin{bmatrix} 0 \\ 1 \end{bmatrix}$	$\alpha = 90$ $\varphi = 0$	$\begin{bmatrix} 1 \\ -1 \\ 0 \\ 0 \end{bmatrix}$
		沿与 $0x$ 成 α 方向 $\begin{bmatrix} \cos\alpha \\ \sin\alpha \end{bmatrix}$	$\alpha = \alpha$ $\varphi = 0$	$\begin{bmatrix} 1 \\ \cos 2\alpha \\ \sin 2\alpha \\ 0 \end{bmatrix}$

续 表

	琼斯列	斯托克斯参量	
圆偏振光	右旋圆偏振 $\dfrac{1}{\sqrt{2}}\begin{bmatrix}1\\i\end{bmatrix}$	$\alpha=45$ $\varphi=90$	$\begin{bmatrix}1\\0\\0\\1\end{bmatrix}$
	左旋圆偏振 $\dfrac{1}{\sqrt{2}}\begin{bmatrix}1\\-i\end{bmatrix}$	$\alpha=45$ $\varphi=-90$	$\begin{bmatrix}1\\0\\0\\-1\end{bmatrix}$
正椭圆偏振光	长轴沿 x 轴 $\begin{bmatrix}\cos\beta\\\sin\beta\end{bmatrix}$	$\beta,\varphi=0$	$\begin{bmatrix}1\\\cos2\beta\\0\\\sin2\beta\end{bmatrix}$
	长轴沿 y 轴 $R(-90)\begin{bmatrix}\cos\beta\\\sin\beta\end{bmatrix}$	$\beta,\varphi=90$	$\begin{bmatrix}1\\-\cos2\beta\\0\\\sin2\beta\end{bmatrix}$
	$R(-\theta)\begin{bmatrix}\cos\beta\\i\sin\beta\end{bmatrix}$		$\begin{bmatrix}1\\\cos2\beta\cos2\theta\\\cos2\beta\cos2\theta\\\sin2\beta\end{bmatrix}$

偏振光可表示为：

$$\boldsymbol{E}=\begin{bmatrix}E_{x_0}\\E_{y_0}\,\mathrm{e}^{i\varphi}\end{bmatrix} \qquad (1.201)$$

则其转置共轭矩阵为：

$$\boldsymbol{E}^{+}=(E_{x_0}\quad E_{y_0}\,\mathrm{e}^{-i\varphi}) \qquad (1.202)$$

因此，

$$S_0 = \boldsymbol{E}^+ \begin{bmatrix} 1 & 0 \\ 0 & 1 \end{bmatrix} \boldsymbol{E}$$

$$S_1 = \boldsymbol{E}^+ \begin{bmatrix} 1 & 0 \\ 0 & -1 \end{bmatrix} \boldsymbol{E}$$

$$S_3 = \boldsymbol{E}^+ \begin{bmatrix} 0 & 1 \\ 1 & 0 \end{bmatrix} \boldsymbol{E}$$

$$S_4 = \boldsymbol{E}^+ \begin{bmatrix} 0 & i \\ -i & 0 \end{bmatrix} \boldsymbol{E} \tag{1.203}$$

由邦加球可知,线偏振光

$$S_0 = E_{x_0}^2 + E_{y_0}^2$$
$$S_1 = E_{x_0}^2 - E_{y_0}^2$$
$$S_2 = 2E_{x_0} E_{y_0} \cos \varphi$$
$$S_3 = 2E_{x_0} E_{y_0} \sin \varphi \tag{1.204}$$

并且有 $S_0^2 = S_1^2 + S_2^2 + S_3^2$。

斯托克斯列归一化,令 $S_0 = E_{x_0}^2 + E_{y_0}^2 = 1$,则

$$\begin{bmatrix} 1 \\ S_1/S_0 \\ S_2/S_0 \\ S_3/S_0 \end{bmatrix} = \begin{bmatrix} 1 \\ \cos 2\beta \cos 2\theta \\ \cos 2\beta \sin 2\theta \\ \sin 2\beta \end{bmatrix} \tag{1.205}$$

$\beta = 0$ 时则为线偏振光,$S_3 = 0$;$\beta = \pm \frac{\pi}{4}$ 时对应右旋偏振光和左旋偏振光,此时 $S_1 = S_2 = 0, S_3 = \pm 1$。

由方程(1.199)可以看出 S_0 是偏振光的总光强,且总是为正。S_1 是 x 分量和 y 分量的光强差,S_1 大于零,则该偏振光 x 线偏振占优,S_1 小于零,则该偏振光 y 线偏振占优。

用坐标旋转的旋转矩阵左乘方程(1.201),可得:

$$\begin{bmatrix} E_{-45} \\ E_{+45} \end{bmatrix} = \frac{1}{\sqrt{2}} \begin{bmatrix} E_x - E_y \\ E_x + E_y \end{bmatrix} \tag{1.206}$$

沿着(-45)和(+45)的偏振光的线偏振分量强度差为:

$$\frac{1}{2} \langle (E_x + E_y)(E_x + E_y)^* \rangle - \frac{1}{2} \langle (E_x - E_y)(E_x - E_y)^* \rangle$$

$$= 2\langle E_x(t)E_y(t)\cos[\varphi_x(t)-\varphi_y(t)]\rangle = S_2 \qquad (1.207)$$

由方程(1.207)可以看出,S_2 大于零则该偏振光(+45)的线偏振分量较强,S_2 小于零则该偏振光(-45)的线偏振分量较强,S_2 等于零则两者一样强。

如果用基态为左旋和右旋偏振的圆琼斯矩阵表示

$$\begin{bmatrix} E_t \\ E_r \end{bmatrix} = \frac{1}{\sqrt{2}}\begin{bmatrix} 1 & i \\ 1 & -i \end{bmatrix}\begin{bmatrix} E_x \\ E_y \end{bmatrix} = \frac{1}{\sqrt{2}}\begin{bmatrix} E_x+iE_y \\ E_x-iE_y \end{bmatrix} \qquad (1.208)$$

因此准单色波的右旋和左旋园偏振分量的强度差为:

$$\frac{1}{2}\langle(E_x-iE_y)(E_x-iE_y)^*\rangle - \frac{1}{2}\langle(E_x+iE_y)(E_x+iE_y)^*\rangle$$

$$= 2\langle E_x(t)E_y(t)\sin[\varphi_x(t)-\varphi_y(t)]\rangle = S_3 \qquad (1.209)$$

因此可以用上面的方法测量斯托克斯分量。假设总光强为 I_0,I_x、I_y、I_{+45}、I_{-45}、I_r、I_l 分别为光波在传输路径上透过 X、Y、$+45°$、$-45°$ 线偏振光和右旋(r)、左旋(l)圆偏振光的强度。用强度表示斯托克斯参量为:

$$\begin{aligned} S_0 &= I_0 = I_x+I_y \quad \text{or} \quad I_{+45}+I_{-45} \quad \text{or} \quad I_r+I_l \\ S_1 &= I_x-I_y \\ S_2 &= I_{45}-I_{-45} \\ S_3 &= I_r-I_l \end{aligned} \qquad (1.210)$$

归一化后,$S_0=1$,S_1,S_2,S_3 的值在 -1 到 1 之间。

输入斯托克斯列向量为 $\boldsymbol{S}$,输出斯托克斯列向量为 $\boldsymbol{S}'$,则两个斯托克斯列向量满足:

$$\begin{bmatrix} S'_0 \\ S'_1 \\ S'_2 \\ S'_3 \end{bmatrix} = \begin{bmatrix} m_{11} & m_{12} & m_{13} & m_{14} \\ m_{21} & m_{22} & m_{23} & m_{24} \\ m_{31} & m_{32} & m_{33} & m_{34} \\ m_{41} & m_{42} & m_{43} & m_{44} \end{bmatrix} \begin{bmatrix} S_0 \\ S_1 \\ S_2 \\ S_3 \end{bmatrix} \qquad (1.211)$$

其中

$$\boldsymbol{S} = \begin{bmatrix} S_0 \\ S_1 \\ S_2 \\ S_3 \end{bmatrix} \qquad \boldsymbol{S}' = \begin{bmatrix} S'_0 \\ S'_1 \\ S'_2 \\ S'_3 \end{bmatrix} \qquad (1.212)$$

$$\boldsymbol{M} = \begin{bmatrix} m_{11} & m_{12} & m_{13} & m_{14} \\ m_{21} & m_{22} & m_{23} & m_{24} \\ m_{31} & m_{32} & m_{33} & m_{34} \\ m_{41} & m_{42} & m_{43} & m_{44} \end{bmatrix} \tag{1.213}$$

$\boldsymbol{M}$ 为 Mullev 矩阵,其矩阵元是实数。

无论是自然光,部分偏振光还是线偏振光金国亮相偏振器时,输出光只有 x 分量部分,$S_0' = S_1' = E_{x_0}^2$。输入斯托克斯列参量为:

$$S_0 = E_{x_0}^2 + E_{y_0}^2$$

$$S_1 = E_{x_0}^2 - E_{y_0}^2$$

则输出斯托克斯参量为:

$$S_0' = (S_0 + S_1)/2 = E_{x_0}^2$$

$$S_1' = (S_0 + S_1)/2 = E_{x_0}^2$$

$$S_2' = S_2' = 0$$

$\theta = 0$ 方向的理想偏振器的 Mullev 矩阵为:

$$\boldsymbol{M}(0) = \frac{1}{2} \begin{bmatrix} 1 & 1 & 0 & 0 \\ 1 & 1 & 0 & 0 \\ 0 & 0 & 0 & 0 \\ 0 & 0 & 0 & 0 \end{bmatrix} \tag{1.214}$$

更一般的情形下,理想偏振器的 Mullev 矩阵为:

$$\boldsymbol{M}(\theta) = \boldsymbol{R}(-\theta)\boldsymbol{M}(0)\boldsymbol{R}(\theta)$$

$$= -\frac{1}{2} \begin{bmatrix} 1 & \cos 2\theta & \sin 2\theta & 0 \\ \cos 2\theta & \cos^2 2\theta & \sin 2\theta \cos 2\theta & 0 \\ \sin 2\theta & \sin 2\theta \cos 2\theta & \sin^2 2\theta & 0 \\ 0 & 0 & 0 & 0 \end{bmatrix} \tag{1.215}$$

$\varPhi = 0$ 方向双折射器的 Mullev 矩阵为:

$$\boldsymbol{M}(0) = \frac{1}{2} \begin{bmatrix} 1 & 0 & 0 & 0 \\ 0 & 1 & 0 & 0 \\ 0 & 0 & \cos \varPhi & \sin \varPhi \\ 0 & 0 & -\sin \varPhi & \cos \varPhi \end{bmatrix} \tag{1.216}$$

快方向位于 θ,双折射器的 Mullev 矩阵为:

$$M(\theta) = R(-\theta)M(0)R(\theta)$$

$$= \begin{bmatrix} 0 & 0 & 0 & 0 \\ 0 & \cos 2\theta & -\sin 2\theta & 0 \\ 0 & \sin 2\theta & \cos 2\theta & 0 \\ 0 & 0 & 0 & 0 \end{bmatrix} \begin{bmatrix} 1 & 0 & 0 & 0 \\ 0 & 1 & 0 & 0 \\ 0 & 0 & \cos\Phi & \sin\Phi \\ 0 & 0 & -\sin\Phi & \cos\Phi \end{bmatrix} \begin{bmatrix} 0 & 0 & 0 & 0 \\ 0 & \cos 2\theta & \sin 2\theta & 0 \\ 0 & -\sin 2\theta & \cos 2\theta & 0 \\ 0 & 0 & 0 & 0 \end{bmatrix}$$

$$= \begin{bmatrix} 1 & 0 & 0 & 0 \\ 0 & \cos^2 2\theta + \sin^2 2\theta\cos\Phi & \cos 2\theta\sin 2\theta(1-\cos\Phi) & -\sin 2\theta\sin\Phi \\ 0 & \cos 2\theta\sin 2\theta(1-\cos\Phi) & \sin^2 2\theta + \cos^2 2\theta\cos\Phi & \cos 2\theta\sin\Phi \\ 0 & \sin 2\theta\sin\Phi & -\cos 2\theta\sin\Phi & \cos\Phi \end{bmatrix}$$

$$(1.217)$$

3. 矢量部分相干光束的矩阵表示

以上是针对空间完全相干线偏振光,对于更一般的情形,矢量部分相干光其斯托克斯参量与描述矢量部分相干光的交叉谱密度函数之间存在什么样的关系？这小节重点阐述两者之间的关系[9]。

描述矢量部分相干光的交叉谱密度矩阵可以表示为[9,10]:

$$W(r_1, r_2, \omega) = \langle E_i^*(r_1, \omega)E_j(r_2, \omega)\rangle, \quad i,j = x,y \quad (1.218)$$

探测器处的光强满足以下传输规律:

$$E_j(r, z, \omega) = \int_{z=0} E_j(r, z=0, \omega)G(r-r', z, \omega)\mathrm{d}^2 r' \quad j = x,y$$

$$(1.219)$$

其中 $E_j(r, z=0, \omega)$ 是源平面的光强,

$$G(r-r', z, \omega) = -\frac{\mathrm{i}k}{2\pi z}\exp[\mathrm{i}k(r-r')/2z] \quad (1.220)$$

因此,

$$\langle E_i^*(r, z, \omega)E_j(r, z, \omega)\rangle$$

$$= \iint_{z=0} \langle E_i^{(0)*}(r, \omega)E_j^{(0)}(r, \omega)\rangle G(r_1 - r'_1, z, \omega)G(r_2 - r'_2, z, \omega)\mathrm{d}^2 r'_1 \mathrm{d}^2 r'_2$$

$$i,j = x,y \quad (1.221)$$

广义的斯托克斯参量定义为[9,11]:

$$S_0(\boldsymbol{r}_1,\boldsymbol{r}_2,\omega)=\langle E_x^*(\boldsymbol{r}_1,\omega)E_x(\boldsymbol{r}_2,\omega)\rangle+\langle E_y^*(\boldsymbol{r}_1,\omega)E_y(\boldsymbol{r}_2,\omega)\rangle$$

$$S_1(\boldsymbol{r}_1,\boldsymbol{r}_2,\omega)=\langle E_x^*(\boldsymbol{r}_1,\omega)E_x(\boldsymbol{r}_2,\omega)\rangle-\langle E_y^*(\boldsymbol{r}_1,\omega)E_y(\boldsymbol{r}_2,\omega)\rangle$$

$$S_2(\boldsymbol{r}_1,\boldsymbol{r}_2,\omega)=\langle E_x^*(\boldsymbol{r}_1,\omega)E_y(\boldsymbol{r}_2,\omega)\rangle+\langle E_y^*(\boldsymbol{r}_1,\omega)E_x(\boldsymbol{r}_2,\omega)\rangle$$

$$S_3(\boldsymbol{r}_1,\boldsymbol{r}_2,\omega)=j\langle E_y^*(\boldsymbol{r}_1,\omega)E_x(\boldsymbol{r}_2,\omega)\rangle-\langle E_x^*(\boldsymbol{r}_1,\omega)E_y(\boldsymbol{r}_2,\omega)\rangle$$

$$(1.222)$$

由方程(1.221)和方程(1.222)可知,

$$S_\alpha(\boldsymbol{r}_1,\boldsymbol{r}_2,z,\omega)$$

$$=\iint_{z=0}S_\alpha^{(0)}(\boldsymbol{r}_1,\boldsymbol{r}_2,\omega)G(\boldsymbol{r}_1-\boldsymbol{r}_1',z,\omega)G(\boldsymbol{r}_2-\boldsymbol{r}_2',z,\omega)\mathrm{d}^2\boldsymbol{r}_1'\mathrm{d}^2\boldsymbol{r}_2'$$

$$\alpha=0,1,2,3 \qquad (1.223)$$

因此[9],

$$S_0(\boldsymbol{r}_1,\boldsymbol{r}_2,\omega)=W_{xx}(\boldsymbol{r}_1,\boldsymbol{r}_2,\omega)+W_{yy}(\boldsymbol{r}_1,\boldsymbol{r}_2,\omega)$$

$$S_1(\boldsymbol{r}_1,\boldsymbol{r}_2,\omega)=W_{xx}(\boldsymbol{r}_1,\boldsymbol{r}_2,\omega)-W_{yy}(\boldsymbol{r}_1,\boldsymbol{r}_2,\omega)$$

$$S_2(\boldsymbol{r}_1,\boldsymbol{r}_2,\omega)=W_{xy}(\boldsymbol{r}_1,\boldsymbol{r}_2,\omega)-W_{yx}(\boldsymbol{r}_1,\boldsymbol{r}_2,\omega)$$

$$S_3(\boldsymbol{r}_1,\boldsymbol{r}_2,\omega)=\mathrm{i}\big[W_{yx}(\boldsymbol{r}_1,\boldsymbol{r}_2,\omega)-W_{xy}(\boldsymbol{r}_1,\boldsymbol{r}_2,\omega)\big]$$

$$(1.224)$$

矢量部分相干光束的相干度可以表示为[12,13]:

$$\eta(\boldsymbol{r}_1,\boldsymbol{r}_2,\omega)=\frac{\mathrm{Tr}\boldsymbol{W}(\boldsymbol{r}_1,\boldsymbol{r}_2,\omega)}{\sqrt{\mathrm{Tr}\boldsymbol{W}(\boldsymbol{r}_1,\boldsymbol{r}_1,\omega)}\sqrt{\mathrm{Tr}\boldsymbol{W}(\boldsymbol{r}_2,\boldsymbol{r}_2,\omega)}} \qquad (1.225)$$

其中 Tr 表示矩阵的迹。因此,

$$S_0(\boldsymbol{r}_1,\boldsymbol{r}_2,\omega)=\mathrm{Tr}\boldsymbol{W}(\boldsymbol{r}_1,\boldsymbol{r}_2,\omega) \qquad (1.226)$$

将方程(1.226)代入方程(1.225),可得[9,14]:

$$\eta(\boldsymbol{r}_1,\boldsymbol{r}_2,\omega)=\frac{\mathrm{Tr}\boldsymbol{W}(\boldsymbol{r}_1,\boldsymbol{r}_2,\omega)}{\sqrt{\mathrm{Tr}\boldsymbol{W}(\boldsymbol{r}_1,\boldsymbol{r}_1,\omega)}\sqrt{\mathrm{Tr}\boldsymbol{W}(\boldsymbol{r}_2,\boldsymbol{r}_2,\omega)}} \qquad (1.227)$$

本章参考文献

[1] Born M, Wolf E. Principles of Optics[M]. Oxford: Pergamon, 1993.

[2] Mandel L, Wolf E. Optical Coherence and Quantum Optics[M]. Cambridge: Cambridge University. Press, 1995.

[3] Daniel Fleisch. A student's guide to Maxwell's Equations[M]. Cambridge: Cambridge University Press, 2008.

［4］ Wolf E. Introduction to the Theories of Coherence and Polarization of Light［M］. Cambridge：Cambridge University Press，2007.

［5］ 阎吉祥,等,矩阵光学. 北京:兵器工业出版社,1995.

［6］ 吕百达. 激光光学——光束描述、传输变换与光腔技术物理. 北京：高等教育出版社,2002.

［7］ 俞宽新. 激光原理与激光技术. 北京:北京工业大学出版社,2008.

［8］ Siegman A E. Lasers. University Science Books，1986.

［9］ Korotkova O，Wolf E. Generalized Stokes parameters of random electromagnetic beams. Opt. Lett，2005,30；198-200.

［10］ Wolf E. Coherence and polarization properties of electromagnetic laser modes. Phys. Lett，2006，A 265，60-62.

［11］ Elli J，Dogariu A. Complex degree of mutual polarization，Opt. Lett,2004,29，536-538.

［12］ Korotkova O，Salem M，Wolf E. The far-zone behavior of the degree of polarization of electromagnetic beams propagating through atmospheric turbulence，Opt. Commun，2004,233，225.

［13］ Wolf E. Introduction to the Theory of Coherence and Polarization of Light. Cambridge University Press，Cambridge，2007.

［14］ Roychowdhury H，Agrawal G P，Wolf E. Changes in the spectrum，in the spectral degree of polarization，and in the spectral degree of coherence of a partially coherent beam propagating through a gradient-index fiber，J. Opt. Soc. Am，2006,A 23 940-948.

第 2 章
激光的方向性

"光束"是现代光学中经常遇到并使用的一个基本概念。所谓"光束"就是远场发散角较小定向传输的光频电磁波。但是,并非所有光源发出的激光都能称为光束,必须满足一定的条件。实际光源都有一定的空间尺寸,并非点源;同时所发的光有一定的光谱分布,并非单色光。因此实际光源发出的光都是部分相干光。在这一章,我们首先介绍描述部分相干光的两种典型数学-物理模型,然后介绍高斯光束产生的必要条件,最后重点介绍一种典型的部分相干光束 J。相关的矢量谢尔模型光束产生的必要条件。

2.1 描述部分相干光的数学-物理模型

众所周知,一个理想的单色点光源发射的光是完全相干光。但是实际光源并不是理想点光源,总是具有一定的空间尺度并包含众多辐射单元,不同辐射单元之间辐射过程并不能完全同步,因此实际光源产生的光场的振幅和相位都具有不规则的涨落。所以严格来说,实际光源发出的光都是部分相干光。下面介绍描述部分相干光的两种典型数学-物理模型。

2.1.1 高斯-谢尔模型光束

在强激光技术中,大多数激光器发出的都是部分相干光。常采用高斯-谢尔模型来描述部分相干光,并在一定条件下可得到较好的模拟结果,参见本章参考文献[1]~[5]。高斯-谢尔模型光束不仅能相对容易的做理论分析,而且在实际应用中很容易实现。与高斯光束类似,高斯-谢尔模型光束也是波动方程的傍轴近似解,它具有良好的方向性。

高斯-谢尔模型光束是光强和光谱相干度都是高斯分布一种部分相干光。这种模型在光学相干理论的建立中起着重要的作用。高斯-谢尔模型光束能消除完全相干光的高相干性产生的散班等有害效应,同时还保持了方向性好和亮度高等优点。在某些情形下[5],可用高斯-谢尔模型光束描述高功率激光光束或多横模激光光束。

高斯-谢尔模型光束在 $z=0$ 处谱强度和谱相干度都是高斯函数:

$$S(\boldsymbol{r},0)=S_0\exp\left(-\frac{2\boldsymbol{r}^2}{w_0^2}\right) \tag{2.1}$$

$$\mu(\boldsymbol{r}_1,\boldsymbol{r}_2,0)=\exp\left[-\frac{(\boldsymbol{r}_1-\boldsymbol{r}_2)^2}{2\sigma_\mu^2}\right] \tag{2.2}$$

其中 $\mu(\boldsymbol{r}_1,\boldsymbol{r}_2,0)$ 是高斯-谢尔模型光束的光谱相干度,S_0 是一个常数,w_0 和 σ_μ 分别是光束的束腰宽度和横向相干长度。

交叉谱密度函数为:

$$W(\boldsymbol{r}_1,\boldsymbol{r}_2,0)=\sqrt{S(\boldsymbol{r}_1,0)}\sqrt{S(\boldsymbol{r}_2,0)}\mu(\boldsymbol{r}_1,\boldsymbol{r}_2,0) \tag{2.3}$$

即:

$$W(\boldsymbol{r}_1,\boldsymbol{r}_2,0)=S_0\exp\left(-\frac{\boldsymbol{r}_1+\boldsymbol{r}_2}{w_0^2}\right)\exp\left[-\frac{(\boldsymbol{r}_1-\boldsymbol{r}_2)^2}{2\sigma_\mu^2}\right] \tag{2.4}$$

称为高斯-谢尔模型光束。其中 S_0 是一常数,w_0 和 σ_μ 分别为 GSM 光束的束腰宽度和空间相干长度。$\sigma_\mu=0$ 和 $\sigma_\mu\to0$ 分别对应空间完全非相干光和空间完全相干光。GSM 光束描述部分相干光束的物理模型,在现代光学中扮演了重要的角色。其性质和传输变换特性受到了广泛的重视和研究。

2.1.2 J_0 相关的 Shell 模型光束

1987 年,F. Gori 等利用交叉谱密度函数的模式展开理论得到了一种新型 Shell 模源,其谱相干度函数为第一类的零阶 Bessel 函数,因此也成为 J_0 相关的 Shell 模源。J_0 相关的 Shell 模型光束在 $z=0$ 的源平面上可表示为:

$$W(\boldsymbol{r}_1, \boldsymbol{r}_2, 0) = T(\boldsymbol{r}_1) T(\boldsymbol{r}_2) J_0(\beta | \boldsymbol{r}_1 - \boldsymbol{r}_2 |) \qquad (2.5)$$

其中,$\boldsymbol{r}_1 = (r_1, \theta_1)$,$\boldsymbol{r}_2 = (r_2, \theta_2)$ 为源点对观测点的矢径,β 为实常数,其倒数为相干长度,$T(\boldsymbol{r}_j)(j=1,2)$ 为实函数,其平方代表点 $r_j(j=1,2)$ 处的光强。若径向光强分布为 Gauss 型:

$$T(\boldsymbol{r}_j) = T_0 \exp\left[-\left(\frac{\boldsymbol{r}_j^2}{w_0^2}\right)\right], (j=1,2) \qquad (2.6)$$

则在 $z=0$ 的源平面上,J_0 相关的 Shell 光束的交叉谱密度函数为:

$$W(\boldsymbol{r}_1, \boldsymbol{r}_2, 0) = T_0^2 \exp\left(-\frac{\boldsymbol{r}_1^2 + \boldsymbol{r}_2^2}{w_0^2}\right) J_0(\beta | \boldsymbol{r}_1 - \boldsymbol{r}_2 |) \qquad (2.7)$$

J_0 相关的 Shell 光束包含了相干的 Bessel-Gauss 光束,在其传播过程中,其强度剖面与 Bessel-Gauss 光束一样具有圆对称性,且出现光束中心凹陷。

2.2 Gauss 光束产生的必要条件

Gauss 光束是近轴波动方程的一个特解,用 Gauss 光束可以足够好地描述约束稳定强基模激光束的特性。Gauss 光束通过成像光学系统、各类介质的传输和变换特性是激光光学研究的重要内容之一。这一节,我们简单介绍产生 Gauss 光束的必要条件。首先,我们回顾一下角谱方法。

假设 $z=0$ 处的场强为 $E(x', y', 0)$。由角谱方法可知,在 $z=$ constant 的任意平面上,其场强可表示为:

$$E(x,y,z) = \iint_{-\infty}^{\infty} a(p,q)\, \mathrm{e}^{ik_0(px+qy+mz)}\, \mathrm{d}p\mathrm{d}q \qquad (2.8)$$

其中

$$a(p,q) = \left(\frac{k_0}{2\pi}\right)^2 \iint_{-\infty}^{\infty} E(x',y',0)\, \mathrm{e}^{-ik_0(px'+qy')}\, \mathrm{d}x'\mathrm{d}y' \qquad (2.9)$$

$$m = \begin{cases} +\sqrt{1-p^2-q^2}, & 若 \quad p^2+q^2 \leqslant 1 \\ i\sqrt{p^2+q^2-1}, & 若 \quad p^2+q^2 > 1 \end{cases} \qquad (2.10)$$

$p^2+q^2 > 1$ 代表的是 Evanescent 波部分。

Evanescent 波随传输距离 z 以指数衰减,对远场的场强分布没有贡献,所以在远场其场强可表示为:

$$E(x,y,z) = \iint_{p^2+q^2 \leqslant 1} a(p,q)\, \mathrm{e}^{-ik_0(px'+qy')}\, \mathrm{d}x'\mathrm{d}y' \qquad (2.11)$$

令光束的起始点为坐标原点 $(0,0,0)$,考虑远场一点 $P(x,y,z)$,它相对于起始点的方向用单位矢量 $\boldsymbol{s} = (s_x, s_y, s_z)$,其中 $s_x = \dfrac{x}{r}$,$s_y = \dfrac{y}{r}$,$s_z = \dfrac{z}{r}$,$r = \sqrt{x^2+y^2+z^2}$。令 $\kappa = kr$,则有:

$$E_f(x,y,z) = \iint_{p^2+q^2 \leqslant 1} a(p,q)\exp[ikg(p,q;s_x,s_y)]\mathrm{d}p\mathrm{d}q \qquad (2.12)$$

其中 $g(p,q;s_x,s_y) = ps_x + qs_y + ms_z$。设其所对应的第一类临界点为 (p_1, q_1),则有:

$$\frac{\partial g}{\partial p}\bigg|_{(p_1,q_1)} = g_q = \frac{\partial g}{\partial q}\bigg|_{(p_1,q_1)} = 0 \qquad (2.13)$$

由 g 和 m 的表达式可推得,$m_p = \dfrac{\partial m}{\partial p} = -\dfrac{p}{m}$,$m_q = \dfrac{\partial m}{\partial q} = -\dfrac{q}{m}$,$g_p = \dfrac{\partial g}{\partial p} = s_x - \dfrac{p}{m}s_z$,$g_q = \dfrac{\partial g}{\partial q} = s_y - \dfrac{q}{m}s_z$,于是可以解得:

$$p_1 = s_x, q_1 = s_y, m_1 = s_z \qquad (2.14)$$

且

$$g(p,q;s_x,s_y) = s_x^2 + s_y^2 + s_z^2 = 1 \qquad (2.15)$$

因此,该积分的第一类临界点就是远场点的方向矢量,即 $(p_1, q_1) = \left(\dfrac{x}{r}, \dfrac{y}{r}\right)$。从这个结果可以发现,有且只有一个平面角谱(对应方向为单位矢量$\boldsymbol{s}$的角谱)对光束的远场分布有贡献。通过计算可得：

$$(g_{pp})_1 = -\left[1+\left(\frac{s_x}{s_z}\right)^2\right], (g_{pp})_1 = -\left[1+\left(\frac{s_y}{s_z}\right)^2\right], (g_{pp})_1 = -\frac{s_x s_y}{s_z^2}$$

$$(2.16)$$

以及

$$\Delta = (g_{pp}g_{ql} - g_{pl}^2) = \frac{1}{s_z^2} > 1, \Sigma = (g_{pp} + g_{ql})_1 = -\left(1+\frac{1}{s_z^2}\right) < 0$$

$$(2.17)$$

故有 $\sigma = -1$，于是，有第一类临界点对积分的贡献关系式，即

$$F^{(1)}(\kappa) \sim \frac{2\pi i\sigma}{k} \frac{1}{\sqrt{|\Delta|}} a(p_1, q_1) \exp\left[ikg(p_1, q_1; s_x, s_y)\right] \qquad (2.18)$$

可以求得光束在远场的场强为：

$$E^{(\infty)}(x, y, z) \sim F^{(1)}(\kappa) \sim -\frac{2\pi i}{k} \cos\theta\, a\left(\frac{x}{r}, \frac{y}{r}\right) \frac{\exp^{(ikr)}}{r} \qquad (2.19)$$

其中

$$a\left(\frac{x}{r}, \frac{y}{r}\right) = \left(\frac{k}{2\pi}\right)^2 \int_\infty^{-\infty} \int_\infty^{-\infty} E(x', y', 0) \exp\left[-i\frac{k}{r}(xx' + yy')\right] \mathrm{d}x' \mathrm{d}y'$$

$$(2.20)$$

θ 是单位矢量$\boldsymbol{s}$与传播轴 z 轴正方向的夹角，如图 2.1 所示。

从上述结果可知，光束在远场某点的场强，完全决定于那点方向的角谱，而其他方向的贡献则由于相互之间的破坏性干涉而互相抵消了。可以认为，光束远场的场强分布即是该方向角谱 $a\left(\frac{x}{r}, \frac{y}{r}\right)$ 对球面波 $\frac{\mathrm{e}^{ikr}}{r}$ 的调制。

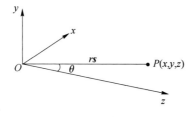

图 2.1 θ 的示意图

光束是以小的发散角定向传输的光频电磁波，所以其远场场强只在

一个较小的立体角内才不为零。由方程(2.19)可知,

$$|a(p,q)| \approx 0 \quad 除非 \quad p^2+q^2 \ll 1 \tag{2.21}$$

方程(2.21)是完全相干光束产生的必要条件。

对于 Gauss 光束而言,其场强分布可表示为:

$$E(x,y,0)=A\,e^{-\left(\frac{x^2+y^2}{w_0^2}\right)} \tag{2.22}$$

将方程(2.22)和方程(2.20)代入方程(2.19),可得:

$$a(p,q)=\frac{A\,(kw_0)^2}{4\pi}e^{-\frac{(kw_0)^2(p^2+q^2)}{4}} \tag{2.23}$$

要满足方程(2.21),则有:

$$p^2+q^2 \leqslant \frac{4}{(kw_0)^2} \tag{2.24}$$

$k=\dfrac{2\pi}{\lambda}$,所以方程(2.24)又等价于

$$w_0 \gg \frac{\lambda}{\pi} \tag{2.25}$$

上面这个不等式就是 Gauss 光束产生的必要条件。

2.3　J_0 相关的矢量 Shell 模型光束产生的必要条件

上面简单介绍了线偏振与完全相干 Gauss 光束产生的必要条件。实际光源产生的光束总是部分相干的。同时,偏振态也是电磁波的一个非常重要的物理量。下面,将介绍 J_0 相关的矢量 Shell 模型光束产生的必要条件[6]。对于矢量部分相干光而言,常用 2×2 的交叉谱密度矩阵来描述[7,8]:

$$\underline{\underline{W}}^{(0)}(\boldsymbol{\rho}_1',\boldsymbol{\rho}_2',\omega)=\begin{bmatrix} W_{xx}^{(0)}(\boldsymbol{\rho}_1',\boldsymbol{\rho}_2',\omega) & W_{xy}^{(0)}(\boldsymbol{\rho}_1',\boldsymbol{\rho}_2',\omega) \\ W_{yx}^{(0)}(\boldsymbol{\rho}_1',\boldsymbol{\rho}_2',\omega) & W_{yy}^{(0)}(\boldsymbol{\rho}_1',\boldsymbol{\rho}_2',\omega) \end{bmatrix} \tag{2.26}$$

其中 ω 为圆频率,$\boldsymbol{\rho}_1'$ 是源平面的二维矢量,如图 2.2 所示。

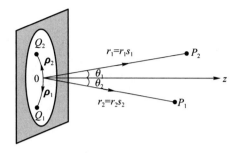

图 2.2　矢量光束传播的示意图

交叉谱密度矩阵的每一个矩阵元可表示为：

$$W_{ij}^{(0)}(\boldsymbol{\rho}_1',\boldsymbol{\rho}_2',\omega)=\langle E_i^*(\boldsymbol{\rho}_1',\omega)E_j(\boldsymbol{\rho}_2',\omega)\rangle \quad (i.j=x,y) \quad (2.27)$$

其中 * 表示取复共轭，〈　〉表示系综平均。交叉谱密度矩阵的每个矩阵元的传播满足[9]：

$$W_{ij}(\rho_1,z_1;\rho_2,z_2;\omega)$$

$$=\iiint_{-\infty}^{\infty} A_{ij}(p_1,q_1;p_2,q_2;\omega)\times e^{ik}(p_2x_2+q_2y_2+ \quad (2.28)$$

$$m_2z_2-p_1x_1-q_1y_1-m_1^*z_1)\mathrm{d}\,p_1\,\mathrm{d}q_1\,\mathrm{d}\,p_2\,\mathrm{d}\,q_2$$

其中

$$A_{ij}(p_1,q_1;p_2,q_2;\omega)=\langle a_i^*(p_1;q_1;\omega)a_j(p_2;q_2;\omega)\rangle \quad (2.29)$$

$$m_\alpha=\begin{cases}+\sqrt{1-p_\alpha^2-q_\alpha^2},&\text{若}\quad p_\alpha^2+q_\alpha^2\leqslant1,\\ i\sqrt{p_\alpha^2+q_\alpha^2-1},&\text{若}\quad p_\alpha^2+q_\alpha^2>1,\end{cases}\quad \alpha=1,2 \quad (2.30)$$

在源平面 $z=0$ 平面，$z_1=z_2=0$，则有：

$$A_{ij}(p_1,q_1;p_2,q_2;\omega)=k^4\widetilde{W}_{ij}^{(0)}(f_1,f_2,\omega) \quad (2.31)$$

其中

$$\widetilde{W}_{ij}^{(0)}(f_1,f_2,\omega)=\frac{1}{(2\pi)^4}\iint W_{ij}^{(0)}(f_1,f_2,\omega)\times$$

$$\exp[-i(f_1\cdot\rho_1'+f_2\cdot\rho_2')]\mathrm{d}^2\rho_1'\mathrm{d}^2\rho_2' \quad (i,j=x,y)$$

$$(2.32)$$

$f_1=(-k\,p_1,-k\,q_1)$，$f_2=(k\,p_2,k\,q_2)$。众所周知，光束在远场的强度可表示[9,10]：

$$E^{(\infty)}(r\boldsymbol{s},\omega)=-\frac{2\pi\mathrm{i}}{k}\cos\theta a(s_x,s_y,\omega)\frac{\mathrm{e}^{\mathrm{i}kr}}{r} \tag{2.33}$$

其中 $a(s_x,s_y,\omega)$ 是谱幅度函数,可表示为 $E(x,y,0)$ 的二维傅里叶变换。

将方程(3.33)代入方程(3.27),远场的交叉谱密度函数可表示为[7]:

$$W_{ij}^{(\infty)}(r_1\boldsymbol{s}_1,r_2\boldsymbol{s}_2,\omega)=(2\pi k)^2\cos\theta_1\cos\theta_2\times$$

$$\left\{\widetilde{W}_{ij}^{(0)}(-k\boldsymbol{s}_{1\perp},k\boldsymbol{s}_{2\perp},\omega)\frac{\exp\left[\mathrm{i}k(r_2-r_1)\right]}{r_1r_2}\right\},(i,j=x,y) \tag{2.34}$$

其中 $\boldsymbol{r}_1=r_1\boldsymbol{s}_1,\boldsymbol{r}_2=r_2\boldsymbol{s}_2,\theta_1$ 和 θ_2 分别是单位矢量 $\boldsymbol{s}_1$ 和 $\boldsymbol{s}_2$ 与 z 轴正方向的夹角。

对于 Shell 模型光束而言,其谱相干度函数 $\mu^{(0)}(\boldsymbol{\rho}_1,\boldsymbol{\rho}_2,\omega)$ 只与 $\boldsymbol{\rho}_1$ 和 $\boldsymbol{\rho}_2$ 的差值有关。所以,其交叉谱密度函数可表示为[8]:

$$W_{ij}^{(0)}(\boldsymbol{\rho}_1,\boldsymbol{\rho}_2;\omega)=\sqrt{S_i^{(0)}(\boldsymbol{\rho}_1,\omega)}\sqrt{S_j^{(0)}(\boldsymbol{\rho}_1,\omega)}$$

$$\times\mu_{ij}^{(0)}(\boldsymbol{\rho}_2-\boldsymbol{\rho}_1,\omega),\quad(i,j=x,y) \tag{2.35}$$

对于 J_0 相关的 Shell 模型光是而言,其谱相干度函数 $\mu^{(0)}(\boldsymbol{\rho}_1,\boldsymbol{\rho}_2,\omega)$ 是第一类,零阶 Bessel 函数,谱密度函数 Gauss 函数,即[11]:

$$S_i^{(0)}(\boldsymbol{\rho},\omega)=A_j^2\exp\left(-\frac{\boldsymbol{\rho}^2}{2\sigma^2}\right),\quad(j=x,y) \tag{2.36a}$$

$$\mu_{ij}^{(0)}(\boldsymbol{\rho}_2-\boldsymbol{\rho}_1,\omega)=B_{ij}J_0(\beta_{ij}|\boldsymbol{\rho}_2-\boldsymbol{\rho}_1|) \tag{2.36b}$$

所以,J_0 相关的矢量 Shell 模型光束的交叉谱密度矩阵元可表示为:

$$W_{ij}(\boldsymbol{\rho}_1,\boldsymbol{\rho}_2;\omega)=A_iA_jB_{ij}\exp\left(-\frac{\boldsymbol{\rho}_1^2+\boldsymbol{\rho}_2^2}{2\sigma^2}\right)J_0(\beta_{ij}|\boldsymbol{\rho}_2-\boldsymbol{\rho}_1|). \tag{2.37}$$

参数 A_j,B_{ij},σ 和 β_{ij},一般情形下,依赖于圆频率 ω。其中参数 B_{ij} 满足[12]:

$$B_{ij}\equiv1,\quad\text{当}\quad i=j \tag{2.38a}$$

$$|B_{ij}|\leqslant1,\quad\text{当}\quad i\neq j \tag{2.38b}$$

$$B_{ij}=B_{ji}^* \tag{2.38c}$$

因为谱相干度函数 $\mu_{xx}^{(0)}(0)=\mu_{yy}^{(0)}(0)=1$,所以当 $i=j$ 时,$B_{ij}=1$。而且 $|\mu_{ij}^{(0)}|\leqslant1$,故当 $i=j$ 时,$|B_{ij}|\leqslant1$。从交叉谱密度函数的性质可知,$W_{ji}=W_{ij}^*$,则有 $B_{ij}=B_{ji}^*$。

将方程(2.37)代入方程(2.34),可得:

$$\widetilde{W}_{ij}^{(0)}(\boldsymbol{f}_1, \boldsymbol{f}_2, \omega) = \frac{A_i A_j B_{ij}}{(2\pi)^4} \iint_{-\infty}^{\infty} \exp\left(-\frac{\boldsymbol{\rho}_1^{r2}}{4\sigma^2}\right)\left(-\frac{\boldsymbol{\rho}_2^{r2}}{4\sigma^2}\right)$$

$$J_0\left(\beta_{ij}|\boldsymbol{\rho}_2 - \boldsymbol{\rho}_1|\right) \times \exp\left[-\mathrm{i}(\boldsymbol{f}_1 \cdot \boldsymbol{\rho}_1 + \boldsymbol{f}_2 \cdot \boldsymbol{\rho}_2)\right]$$

$$\mathrm{d}^2\boldsymbol{\rho}_1' \mathrm{d}^2\boldsymbol{\rho}_2'$$

$$(2.39)$$

对上式做如下变量代换：

$$\boldsymbol{\rho} = \boldsymbol{\rho}_2' - \boldsymbol{\rho}_1', \boldsymbol{\rho} = \boldsymbol{\rho}_2' + \boldsymbol{\rho}_1' \qquad (2.40\mathrm{a})$$

$$\boldsymbol{f} = \boldsymbol{f}_2 - \boldsymbol{f}_1, \boldsymbol{f}' = \boldsymbol{f}_2 + \boldsymbol{f}_1 \qquad (2.40\mathrm{b})$$

因此，方程(2.39)可变形为：

$$\widetilde{W}_{ij}^{(0)}(\boldsymbol{f}, \boldsymbol{f}', \omega) = \frac{A_i A_j B_{ij}}{4(2\pi)^4} \iint \exp\left[-\frac{\boldsymbol{\rho}^2 + \boldsymbol{\rho}^{r2}}{8\sigma^2}\right] \times$$

$$J_0(\beta_{ij}|\boldsymbol{\rho}|)\exp\left[-\frac{\mathrm{i}}{2}(\boldsymbol{\rho} \cdot \boldsymbol{f} + \boldsymbol{\rho}' \cdot \boldsymbol{f}')\mathrm{d}^2\boldsymbol{\rho} \, \mathrm{d}^2\boldsymbol{\rho}'\right] \quad (2.41)$$

方程(2.41)又可化简为：

$$\widetilde{W}_{ij}^{(0)}(\boldsymbol{f}, \boldsymbol{f}', \omega) = \frac{A_i A_j B_{ij}}{4(2\pi)^4}\widetilde{W}_1^{(0)}(\boldsymbol{f}, \omega)\widetilde{W}_2^{(0)}(\boldsymbol{f}', \omega) \qquad (2.42)$$

其中

$$\widetilde{W}_1^{(0)}(\boldsymbol{f}, \omega) = \int_{-\infty}^{\infty} \exp\left(-\frac{\boldsymbol{\rho}^2}{8\sigma^2}\right)J_0(\beta_{ij}|\boldsymbol{\rho}|)\exp\left(-\frac{\mathrm{i}}{2}\boldsymbol{\rho} \cdot \boldsymbol{f}\right)\mathrm{d}^2\boldsymbol{\rho}$$

$$(2.43\mathrm{a})$$

$$\widetilde{W}_2^{(0)}(\boldsymbol{f}', \omega) = \int_{-\infty}^{\infty} \exp\left(-\frac{\boldsymbol{\rho}^2}{8\sigma^2}\right)\exp\left(-\frac{\mathrm{i}}{2}\boldsymbol{\rho}' \cdot \boldsymbol{f}'\right)\mathrm{d}^2\boldsymbol{\rho}' \quad (2.43\mathrm{b})$$

为了求出上式，再变量代换：

$$\begin{cases} \boldsymbol{\rho}_x = \boldsymbol{\rho}\cos\theta \\ \boldsymbol{\rho}_y = \boldsymbol{\rho}\cos\theta \end{cases} \qquad (2.44)$$

$$\begin{cases} \boldsymbol{f}_x = \boldsymbol{f}\cos\theta \\ \boldsymbol{f}_y = \boldsymbol{f}\cos\theta \end{cases} \qquad (2.45)$$

因此，方程(2.43a)可化简为：

$$\widetilde{W}_1^{(0)}(\boldsymbol{f}, \omega) = 2\pi\int_{-\infty}^{\infty} \boldsymbol{\rho}\exp\left(-\frac{\boldsymbol{\rho}^2}{8\sigma^2}\right)J_0(\beta_{ij}\boldsymbol{\rho}) \, J_0\left(\frac{\boldsymbol{\rho}\boldsymbol{f}}{2}\right)\mathrm{d}\boldsymbol{\rho} \quad (2.46)$$

回想下面两个公式[13,14]：

$$\int_0^\infty \exp[-\alpha x] J_v [2\beta \sqrt{x}] J_v [2\gamma \sqrt{x}] \mathrm{d}x$$

$$= \frac{1}{\alpha} I_v \left(\frac{2\beta\gamma}{\alpha}\right) \exp\left(-\frac{\beta^2 + \gamma^2}{\alpha}\right), \quad [\mathrm{Rev} > -1] \qquad (2.47)$$

和

$$I_n(x) = (-i)^n J_n(ix) \qquad (2.48)$$

因此,

$$\widetilde{W}_1^{(0)}(\boldsymbol{f}, \omega) = 8\sigma^2 \exp(2\sigma^2 \beta_{ij}^2) \exp\left(-\frac{\sigma^2 \boldsymbol{f}^2}{2}\right) J_0(2i\sigma^2 \beta_{ij} |\boldsymbol{f}|) \quad (2.49)$$

$$\widetilde{W}_2^{(0)}(\boldsymbol{f}', \omega) = \frac{\sigma^2}{4} \exp\left(-\frac{\sigma^2 \boldsymbol{f}'^2}{2}\right) \qquad (2.50)$$

将方程(2.49)和方程(2.50)代入方程(2.42),可得:

$$\widetilde{W}_{ij}^{(0)}(\boldsymbol{f}, \boldsymbol{f}', \omega) = \frac{A_i A_j B_{ij} \sigma^4}{(4\pi)^2} \exp[-2\sigma^2 \beta_{ij}^2] \times$$

$$\exp\left(-\frac{\sigma^2 \boldsymbol{f}^2}{2}\right) J_0(2i\sigma^2 \beta_{ij} |\boldsymbol{f}|), (i, j = x, y)$$

$$(2.51)$$

所以,J_0 相关的矢量交叉谱密度函数可表示为:

$$\widetilde{W}_{ij}^{(\infty)}(\boldsymbol{r}_1 \boldsymbol{s}_1, \boldsymbol{r}_2 \boldsymbol{s}_2, \omega)$$

$$= k^2 \cos\theta_1 \cos\theta_2 \frac{\exp[ik(\boldsymbol{r}_2 - \boldsymbol{r}_1)]}{\boldsymbol{r}_2 \boldsymbol{r}_1} \frac{A_i A_j B_{ij} \sigma^4}{4} \times$$

$$\exp(-2\sigma^2 \beta_{ij}^2) \exp(-k^2 \sigma^2) J_0(2i\sigma^2 k \beta_{ij}) \quad (i, j = x, y)$$

$$(2.52)$$

众所周知,光束在远场的谱密度函数可表示为[7,8]:

$$S^{(\infty)}(\boldsymbol{r}, \omega) = \langle E_x^*(\boldsymbol{r}, \omega) E_x(\boldsymbol{r}, \omega) \rangle + \langle E_y^*(\boldsymbol{r}, \omega) E_y(\boldsymbol{r}, \omega) \rangle$$

$$= \mathrm{Tr}[\underline{W}^{(\infty)}(\boldsymbol{r}, \boldsymbol{r}, \omega)] \qquad (2.53)$$

其中 $\mathrm{Tr}\,\underline{W}$ 表示交叉谱密度矩阵的迹。将方程(2.52)代入方程(2.53),可得:

$$S^{(\infty)}(\boldsymbol{r}, \omega)$$

$$= \frac{k^2 \cos^2\theta \sigma^4}{4r^2} [A_x^2 \exp(-2\sigma^2 \beta_{xx}^2) \exp(-k^2 \sigma^2) J_0(2i\sigma^2 k \beta_{xx}) + \qquad (2.54)$$

$$A_y^2 \exp(-2\sigma^2 \beta_{yy}^2) \exp(-k^2 \sigma^2) J_0(2i\sigma^2 k \beta_{yy})]$$

根据第一类零阶 Bessel 函数的性质[15],可知:

$$|J_0| \leqslant \frac{1}{n!}\left(\frac{x}{2}\right)^n \exp\left[x^2\right] \tag{2.55}$$

因此,J_0 相关的矢量 Shell 模型光束的远场谱密度函数满足:

$$S^{(\infty)}(\boldsymbol{r},\omega) \leqslant \frac{k^2 \cos^2\theta\sigma^4}{4\,\boldsymbol{r}^2}\{A_x^2\exp\left[-2\sigma^2\beta_{xx}^2\right]\exp\left[-k^2(\sigma^2+\sigma^4\beta_{xx}^2)\right]+$$

$$A_y^2\exp\left[-2\sigma^2\beta_{yy}^2\right]\exp\left[-k^2(\sigma^2+\sigma^4\beta_{yy}^2)\right]\}$$

$$\tag{2.56}$$

对于矢量部分相干光而言,要产生光束,其远场的谱密度函数必须满足:

$$S^{(\infty)}(\boldsymbol{r},\omega) \approx 0 \quad 除非 \quad k \ll 1 \tag{2.57}$$

由方程(2.56)和方程(2.57)可得:

$$\frac{1}{\sigma^2+\sigma^4\beta_{xx}^2} \ll k^2, \quad \frac{1}{\sigma^2+\sigma^4\beta_{yy}^2} \ll k^2 \tag{2.58}$$

方程(2.58)就是 J_0 相关的矢量 Shell 模型光束产生的必要条件。对于 J_0 相关的标量 Shell 模型光束而言,其光束产生的必要条件简化为:

$$\frac{1}{\sigma^2+\sigma^4\beta_{\mathrm{scalar}}^2} \ll k^2 \tag{2.59}$$

其中,$1/\beta_{\mathrm{scalar}}$ 是 J_0 县官的标量 Shell 模型光束谱相干度。

下面,讨论方程(2.59)的两种特殊情形:

(1) 当 $\sigma\beta_{\mathrm{scalar}} \ll 1$ 时,即:空间完全相干 J_0 相关的标量 Shell 模型光束,则方程(2.59)化简为:

$$\sigma \gg \frac{\lambda}{2\pi} \tag{2.60}$$

上式表明源的有效线性尺度必须远大于波长。

(2) 当 $\sigma\beta_{\mathrm{scalar}} \gg 1$ 时,即:空间完全不相干 J_0 相关的标量 Shell 模型光束,则方程(2.59)化简为:

$$\sigma \gg \frac{\lambda}{2\pi\sigma^2} \tag{2.61}$$

也就是说,要产生光束,源的相干长度必须远大于波长,即源必须是局部相干的。

然而,对于实际的情形,光总是部分相干的,同时也必须考虑偏振态。

基于该考虑,利用 2×2 交叉谱密度函数,将 $J_。$ 相关的标量 Shell 模型光束推广到矢量模型。基于该模型,推导出了 $J_。$ 相关的矢量 Shell 模型光束产生的必要条件,$J_。$ 相关的标量 Shell 模型光束可以看成是该条件的一种特殊情形。该条件对于如何产生 $J_。$ 相关的矢量 Shell 模型光束具有重要的指导意义。

本章参考文献

[1] Foley J T，Zubairy M S. The directional of Gaussian Schell-model beams[J]. Opt. Commun, 1978, 26：297-300.

[2] Gori F. Collect-Wolf sources and multimode lasers[J]. Opt. Commun, 1980, 34：301-305.

[3] Simon R，Sudashan E C G，Mukunda. Generalized ray in first-order optics：Transformation properties of Gaussian Schell-model fields[J]. Phys. Rev. A,1984, 29：3273-3279.

[4] Friberg A T，Sodol R J. Propagation parameters of Gaussian-Schell model beams[J]. Opt. Commun, 1982, 41：383-387.

[5] Gase R. The multimode laser radiations as a Gaussian-Schell model beam[J]. J. Mod. Opt, 1991, 38：1107-1115.

[6] Wu Guohua, Lou Qihong, Zhou Jun, et al. Beam conditions for radiation generated by an electromagnetic J0-correlated Schell-model source[J]. Opt. Lett, 2008, 33：2677-2679.

[7] Korotkova O，Salem M，Wolf E. Opt. Lett, 2004, 29：1173.

[8] Wolf E. Phys. Lett. A, 2003, 312：263.

[9] Mandel L，Wolf E. Optical Coherence and Quantum Optics[M]. Cambridge：Cambridge University Press, 1995.

[10] Wu G，Lou Q，Zhou J. Opt. Express, 2008, 16：6417.

[11] Gori F，Guattari G. Opt. Commun, 1987, 64：311.

［12］ Korotkova O，Salem M，Wolf E. Opt. Commun，2004，233：225.

［13］ Gradshteyn I S，Ryzhik I M. Table of Integrals，Series，and Products[M]. 6th ed. San Diego：Academic Press，1994.

［14］ Abramowitz M，Stegun I. Handbook of Mathematical Functions [M]. New York：Dover Publications，1972.

［15］ Watson G N. A Treatise on the Theory of Bessel Functions[M]. 2nd ed. Cambridge：Cambridge University Press，1994.

第 3 章

几种特殊光束的传输特性

3.1　平顶光束的传输和组束特性

平顶光束是指光强分布有一均匀平顶的光束,是在激光技术中广为应用的一类光束,它可由反射镜振幅呈超高斯函数变化或者带梯度相位镜的光强产生,对高斯光束做空间整形也可获得平顶光束。在本章中,首先介绍描述平顶光束的几种数学—物理模型,然后介绍单束和多束平顶光束的传输特性。

3.1.1　描述平顶光束的数学—物理模型

描述平顶光束的数学—物理模型主要有下面几种[1]:

1. 超高斯光束

最早用来描述平顶光束的数学—物理模型就是超高斯光束,其场的分布为[2]:

$$E(x,0)=\exp\left[-\left(\frac{x}{w_0}\right)^N\right] \tag{3.1}$$

式中 w_0 和 N 分别为超高斯光束的束腰宽度和阶数,$N \geqslant 2$。$N=2$ 就是熟知的高斯光束,当 $N \rightarrow \infty$ 时对应于截断平面波,如图 3.1 所示。超高斯光束虽然形式简单,但对超高斯光束传输特性的研究需要用繁琐的数值计算。设在自由空间中,形如方程(3.1)的超高斯光束传输距离 z 后场分布为:

$$E(r,z) = f_1(z)\exp\left[-f_2(z)\left(\frac{x}{w_0}\right)^N\right] \qquad (3.2)$$

且

$$f_1(0) = f_1(0) = 1 \qquad (3.3)$$

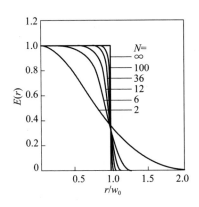

图 3.1 不同阶数超高斯光束的场分布

将方程(3.2)代入 Helmholtz 方程,比较同阶幂系数:

$$\left(\frac{r}{w_0}\right)^0 项, \quad \frac{\mathrm{d}^2 f_1(z)}{\mathrm{d}z^2} + k^2 f_1(z) = 0 \qquad (3.4\mathrm{a})$$

$$\left(\frac{r}{w_0}\right)^0 项, \quad f_1(z)f_2(z) = 0 \qquad (3.4\mathrm{b})$$

$$\left(\frac{r}{w_0}\right)^0 项, \quad 2\frac{\mathrm{d} f_1(z)}{\mathrm{d}z} \cdot \frac{\mathrm{d} f_2(z)}{\mathrm{d}z} + f_1(z)\frac{\mathrm{d}^2 f_2^2(z)}{\mathrm{d}z^2} \qquad (3.4\mathrm{c})$$

$$\left(\frac{r}{w_0}\right)^{2(n-1)} 项, \quad f(z)f_2^2(z) = 0 \qquad (3.4\mathrm{d})$$

$$\left(\frac{r}{w_0}\right)^{2n} 项, \quad \frac{\mathrm{d} f_1(z)}{\mathrm{d}z}\left[\frac{\mathrm{d} f_2(z)}{\mathrm{d}z}\right]^2 \qquad (3.4\mathrm{e})$$

由以上方程可知,方程(3.1)不是 Helmholtz 方程的解。

2. 平顶高斯光束

1994 年 Gori 提出的平顶高斯光束模型不同阶数平顶高斯光束的分布,从而克服了超高斯光束的不足,其场分布可表示为[3]:

$$E(x,0) = A_0 \exp\left[-\frac{(N+1)x^2}{w_0^2}\right] \sum_{n=0}^{N} \frac{1}{N!} \left[\frac{N+1}{w_0^2} x^2\right]^n \qquad (3.5)$$

式中,$N(N=0,1,\cdots)$ 和 w_0 分别是平顶高斯光束的阶数和束腰宽度。w_0 的物理意义为场振幅等于中心 $(0,0)$,振幅 $\exp\left[-(N+1)\right] \sum_{n=0}^{N} \frac{1}{n!}$ $(N+1)^n$ 处的宽度。当 $N=0$ 时,方程(3.5)化为 Gauss 光束的场分布公式。平顶高斯光束数学形式上虽然比超高斯光束复杂,但是平顶高斯光束的数学表达式是高斯函数,可解析得到其通过近轴 $ABCD$ 光学系统的传输方程,方便研究其传输特性。

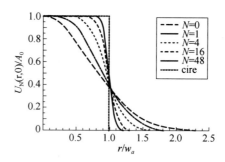

图 3.2　不同阶数平顶高斯光束的场分布

3. 平顶多高斯光束

如图 3.3 所示,设 N 个有相同束腰宽度 w_0 的二维 Gauss 光束以等间距 x_d 排列在 x 轴上,第 n 束的场分布为:

$$E_n(x,z=0) = \exp\left[-\left(\frac{x-x_d}{w_0}\right)^2\right] \qquad (3.6)$$

其中 $n \in \left(-\frac{N-1}{2}, \frac{N-1}{2}\right)(n=1,3,5\cdots)$,假设 N 为奇数,所得结果不难推广到 N 为偶数的情形。

N 束 Gauss 光束相干合成后为平顶高斯多光束,在 $z=0$ 平面上的场分布为[4]:

$$E(x,z=0) = \sum_{n=-\frac{N-1}{2}}^{n=\frac{N-1}{2}} \exp\left[-\left(\frac{x-x_d}{w_0}\right)^2\right] \tag{3.7}$$

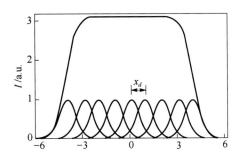

图 3.3 N 个离轴 Gauss 光束合成示意图

4. Li 新模型

最近 Li[5] 提出了一种平顶高斯光束的新模型,如图(3.4)所示,用束宽和振幅不同的多束基模高斯合成平顶光束,其场的分布可表示为:

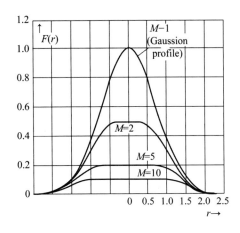

图 3.4 基于 Li 新模型下,不同阶数的场分布

$$E_N(r,0) = \sum_{n=0}^{N} \frac{(-1)^{n-1}}{N} \binom{N}{n} \exp\left(-\frac{nr^2}{w_0^2}\right) \tag{3.8}$$

式中 w_0 是高斯光束的束腰宽度，n 为阶数。

这 4 种模型都能描述平顶高斯光束，它们之间存在相互的联系，例如，对应的平顶高斯光束和超高斯光束具有相同的 M^2 因子。

3.1.2　单束平顶光束的传输特性

为了获得大的填充因子和小的强度调制以满足打靶的要求，在 ICF 应用中常采用平顶光束，即光强分布有一均匀平顶的光束。下面介绍单束平顶光束的传输特性[6]。

1. 轴上光强分布

平顶光束在 $z=0$ 平面的场分布可表示为[5]：

$$E_N(r,0) = \sum_{n=0}^{N} \frac{(-1)^{n-1}}{N} \binom{N}{n} \exp\left[-\frac{r^2}{w_0^2(0)}\right] \qquad (3.9)$$

其中 N 是光束的模式数，$\binom{N}{n}$ 为二次多项式，w_0 是高斯光束的束腰宽度，$w_n^2(0) = w_0^2/n$。图 3.5 给出了不同模式数情况下，平顶光束的归一化强度随 r/w_0 的变化曲线图。由方程（3.26）可以看出，平顶光束可以表示为不同束腰宽度高斯光束的叠加，所以可以利用熟知的高斯光束的传播公式[7,8]来研究平顶光束的传输特性，所以平顶光束经过一个傍轴 $\begin{pmatrix} A & B \\ C & D \end{pmatrix}$ 光学系统后，在任意距离处的场分布可表示为：

$$E_N(r,0) = \sum_{n=0}^{N} \frac{(-1)^{n-1}}{N} \binom{N}{n} \times$$

$$\frac{w_0(0)}{w_0(z)} \exp\left[-\frac{r^2}{w_n(z)^2}\right] \exp\left\{i\left[\frac{kr^2}{2R_n(z)} + kz - \Phi_n\right]\right\} \qquad (3.10)$$

其中 k 是波数，w_n，R_n 和 Φ_n 分别表示为：

$$w_n(z) = A w_n(0) \sqrt{1+F^2} \qquad (3.11a)$$

$$R_n(z) = AB \frac{1+F^{-2}}{1+BC[1+F^{-2}]} \qquad (3.11b)$$

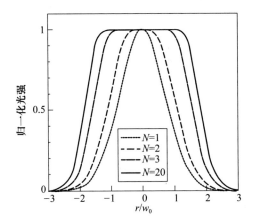

图 3.5 不同模式数情形下,平顶光束的归一化强度
随 r/w_0 的变化曲线图

$$\Phi_n(z) = \arctan F \tag{3.11c}$$

和 $F = \lambda B / A\pi w_n^2(0)$。

如图 3.6 所示,平顶光束经过一个焦距为 f 的薄透镜聚焦时,其 $ABCD$ 矩阵可表示为:

$$\begin{pmatrix} A & B \\ C & D \end{pmatrix} = \begin{pmatrix} 1 & z \\ 0 & 1 \end{pmatrix} \begin{pmatrix} 1 & 0 \\ -1/f & 1 \end{pmatrix} = \begin{pmatrix} -\Delta z & f(1+\Delta z) \\ -1/f & 1 \end{pmatrix} \tag{3.12}$$

和

$$\Delta z = \frac{z-f}{f} \tag{3.13}$$

其中 z 是传输距离。由方程(3.10)和方程(3.12)可知平顶光束经过薄透镜后其轴上光强可表示为:

$$I_N(r,0) =$$

$$\left| \sum_{n=1}^{N} \frac{(-1)^n}{N} \binom{N}{n} \frac{w_0(0)}{\Delta z \sqrt{1 + \left[\frac{2n(1+\Delta z)}{\Delta z N_F}\right]^2}} \exp\left\{ i\arctan\left[\frac{2n(1+\Delta z)}{\Delta z N_F}\right] \right\} \right|^2$$

$$\tag{3.14}$$

其中

$$N_F = \frac{kw_2^2}{f} \tag{3.15}$$

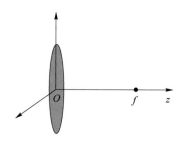

图 3.6 平顶光束经过薄透镜的聚焦

为了更加清楚的了解平顶光束通过薄透镜聚焦后的光强分布,图 3.7 和图 3.8 分别给出了 $N=10$,不同 N_F 情形下,平顶光束轴上光强分布随参数 Δz 的变化曲线图,以及 $N_F=4$,不同 N 情形下,平顶光束轴上光强分布随参数 Δz 的变化曲线图。

从图 3.7 和图 3.8 可以看出,平顶光束通过薄透镜聚焦后其轴上最大光强总是位于几何焦点前,即存在焦移效应。如图 3.7 所示,当光束的模式数定时,最大光强所在位置与几何焦点之间的距离随着 N_F 的增大而减小。当 N_F 足够大时,焦移为零。也就是说,焦移效应只有当 N_F 小的时候才存在。

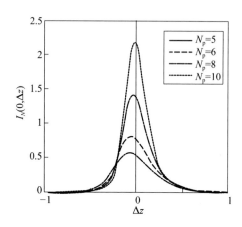

图 3.7 $N=10$,不同 N_F 情形下,平顶光束轴上光强分布随参数 Δz 的变化曲线图

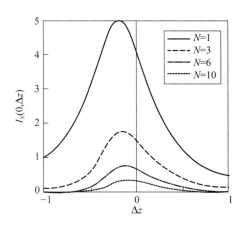

图 3.8　$N_F = 4$, 不同 N 情形下, 平顶光束轴上光强分布随参数 Δz 的变化曲线图

如图 3.8 所示, 当光束 N_F 固定时, 最大光强所在位置与几何焦点之间的距离随着 N 的增大而减小。也就是说, 基模高斯光束的焦移量大于平顶高斯光束。

2. 远场强度分布和 M^2 因子

M^2 因子是评价光束质量的一个重要参数。一般情况下, 激光束通过理想无衍射、无像差光学系统使它是一个不变量。它的定义为[9]:

$$M^2 = 2\pi\sigma_0\sigma_\infty \tag{3.16}$$

其中 σ_0 和 σ_∞ 是用二阶矩定义的光束束腰平面和远场的光强分布。M^2 因子总是大于或等于 1, 只有理想的高斯光束的光束质量才等于 1。σ_0 和 σ_∞ 分别表示为:

$$\sigma_0^2 = \frac{\displaystyle\int_0^\infty r^3 \, |E_N(r,0)|^2 \, \mathrm{d}r}{\displaystyle\int_0^\infty r \, |E_N(r,0)|^2 \, \mathrm{d}r} \tag{3.17}$$

和

$$\sigma_\infty^2 = \frac{\displaystyle\int_0^\infty f^3 \, |\widetilde{E}_N(f,0)|^2 \, \mathrm{d}f}{\displaystyle\int_0^\infty f \, |\widetilde{E}_N(f,0)|^2 \, \mathrm{d}f} \tag{3.18}$$

其中 $\widetilde{E}_N(r,0)$ 是 $E_N(r,0)$ 的二维傅里叶变换。

将方程(3.6)代入方程(3.17)可得：

$$\sigma_0^2 = \frac{\sum_{n=1}^{N} \sum_{m=1}^{N} \binom{N}{n} \binom{N}{m} \frac{(-1)^{n+m-2} w_0^2}{(n+m)^2}}{\sum_{n=1}^{N} \sum_{m=1}^{N} \binom{N}{n} \binom{N}{m} \frac{(-1)^{n+m-2}}{n+m}} \tag{3.19}$$

众所周知,远场的场分布可表示为源平面 $z=0$ 平面的场分布的傅里叶变换[10],即：

$$\widetilde{E}(r_1,z) = \frac{\exp(-\mathrm{i}kz)}{\mathrm{i}\lambda z} \int_0^{2\pi} \int_0^{\infty} E_N(r,0) \exp\left[-\frac{\mathrm{i}k}{z} rr_1 \cos(\theta-\theta_1)\right] r\mathrm{d}r\mathrm{d}\theta \tag{3.20}$$

将方程(3.6)代入方程(3.20)并利用下面积分公式：

$$J_0 = \frac{1}{2\pi} \int_0^{2\pi} \exp(\mathrm{i}x\cos\theta-\theta_1)\mathrm{d}\theta \tag{3.21}$$

平顶高斯光束远场的场分布可表示为：

$$\widetilde{E}_N(p,z) = \frac{\pi w_0^2}{\mathrm{i}\lambda z} \exp(-\mathrm{i}kz) \sum_{n=0}^{N} \frac{(-1)^{n-1}}{Nn} \binom{N}{n} \exp\left(-\frac{\pi^2 w_0^2 p^2}{n}\right) \tag{3.22}$$

其中 $p=r_1/\lambda z$。因此,根据光强的定义,平顶高斯光束远场的强度分布可表示为：

$$\begin{aligned} I_N(p,z) &= \widetilde{E}_N(p,z)\widetilde{E}_N^*(p,z) \\ &= \frac{\pi^2 w_0^2}{\lambda^2 z^2} \sum_{n=1}^{N} \sum_{m=1}^{N} \frac{(-)^{n+m-2}}{N^2} \binom{N}{n} \binom{N}{m} \times \\ &\quad \exp\left(-\frac{\pi^2 w_0^2 p^2}{n}\right) \exp\left(-\frac{\pi^2 w_0^2 p^2}{m}\right) \end{aligned} \tag{3.23}$$

将方程(3.6)代入方程(3.18),可得：

$$\sigma_\infty^2 = \frac{\sum_{n=1}^{N} \sum_{m=1}^{N} \binom{N}{n} \binom{N}{m} \frac{(-1)^{n+m-2} nm}{(n+m)^2 \pi^2 w_0^2}}{\sum_{n=1}^{N} \sum_{m=1}^{N} \binom{N}{n} \binom{N}{m} \frac{(-1)^{n+m-2}}{n+m}} \tag{3.24}$$

因此,平顶高斯光束的 M^2 因子可表示为：

$$M^2 = 2 \frac{\sqrt{\left[\sum_{n=1}^{N} \sum_{m=1}^{N} \binom{N}{n}\binom{N}{m}\frac{(-1)^{n+m-2}}{n+m}\right]\left[\sum_{n=1}^{N} \sum_{m=1}^{N} \binom{N}{n}\binom{N}{m}\frac{(-1)^{n+m-2}nm}{(n+m)^2}\right]}}{\sum_{n=1}^{N} \sum_{m=1}^{N} \binom{N}{n}\binom{N}{m}\frac{(-1)^{n+m-2}}{n+m}}$$

(3.25)

图 3.9 画出了不同模式数 N 情形下，平顶高斯光束远场归一化强度随着参数 $\pi w_0 f$ 的变化曲线图。如图 3.9 所示，在传输过程中平顶高斯光束不能保持其平顶形状不变。在远场，其强度分布除了两边有小的旁瓣以外，中间呈现类高斯分布。从方程(3.6)可以看出，平顶高斯光束并不是一个纯模，而是由不同束腰宽度的高斯光束叠加而成。不同的模式的演化速度不一样，所以在传输过程中无法保持其平顶形状不变。两边的小旁瓣是不同模式之间的叠加和干涉的结果。随着光束模式数 N 的增大，平顶光束的能量逐渐向中间靠拢。只是因为，平顶光束的平顶度随着模式数 N 的增大而增大。图 3.10 画出了平顶高斯光束的 M^2 因子随着光束模式数 N 的变化曲线图。如图 3.10 所示，平顶高斯光束的 M^2 因子随着模式数 N 的增大而增大，也就是说平顶光束的光束质量随着模式束 N 的增大而变差。

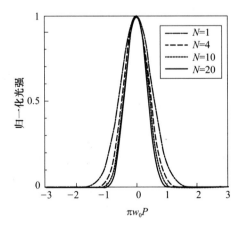

图 3.9 不同模式数 N 情形下，平顶高斯光束远场归一化强度随着参数 $\pi w_0 P$ 的变化曲线图

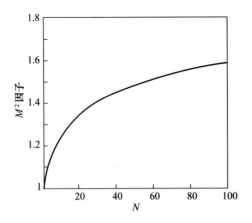

图 3.10　平顶高斯光束的 M^2 因子随着光束

模式数 N 的变化曲线图

3.1.3　多束平顶光束组束后的传输特性

在 ICF 中应用中常采用平顶光束,即光强分布有一均匀平顶的光束;同时,也为了满足 ICF 中高能量的要求,往往将多数激光以相干叠加或非相干叠加的方式进行组束。基于以上两个目的,我们对多束平顶光束组束后传输特性进行了理论上的研究[11]。

如图 3.11 所示,假设,M 束均匀地分布在一个半径为 r 的圆环上。众所周知,平顶光束在位置 $(r,0)$ 的场分布可表示为[5]:

Fig3.11

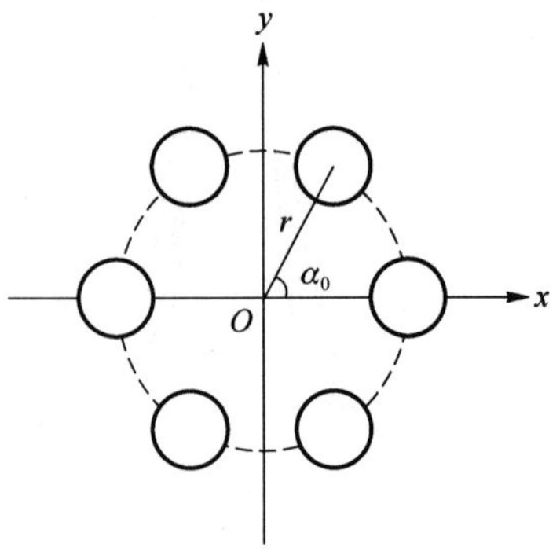

图 3.11　M 束光束的组束示意图

$$E_0(x,y,0) = \sum_{n=0}^{N} \frac{(-1)^{n-1}}{N} \binom{N}{n} \exp\left[-\frac{(x-r)^2 + y^2}{w_n^2(0)}\right] \quad (3.26)$$

其中 N 为光束模式数，$\binom{N}{n}$ 为二次多项式。w_0 为高斯光束的束腰宽度，

$w_n^2(0)=w_0^2/n$。光束通过 $ABCD$ 光学系统时，遵循 Collins 公式[12]，即：

$$E_0(x,y,z)=\frac{1}{\lambda B}\iint E_0(x_0,y_0,0)\exp\left\{-\frac{ik}{2B}[A(x_0^2+y_0^2)-\right.$$

$$\left.2(x_0x+yy_0)+D(x^2+y^2)]\right\}\mathrm{d}x_0\mathrm{d}y_0 \qquad (3.27)$$

其中 k 为波数，A,B,C,D 为 $ABCD$ 矩阵的矩阵元，且满足下例公式：

$$AD-BC=1 \qquad (3.28)$$

将方程(3.26)代入方程(3.27)，可得：

$$E_0(x,y,z)=\sum_{n=1}^{N}\frac{(-1)^{n-1}ikw_0^2(0)}{2NB\beta}\binom{N}{n}\exp\left[-\left(\frac{ikD}{2B}+\frac{k^2w_n^2(0)}{4B^2}\right)y^2\right]\times$$

$$\exp\left[-\left(\frac{ikD}{2B}+\frac{k^2w_n^2(0)}{4B^2}\right)x^2-\frac{ikxr}{2B\beta}\right]\exp\left(-\frac{ikAr^2}{2B\beta}\right) \quad (3.29)$$

其中

$$\beta=1+\frac{ikAw_n^2(0)}{2B} \qquad (3.30)$$

其他几束光束在 $z=0$ 平面的场分布可以通过下例坐标变换求得：

$$x\rightarrow x\cos\theta+y\sin\theta$$

$$y\rightarrow -x\sin\theta+y\cos\theta \qquad (3.31)$$

其场分布可表示为：

$$E_m(x,y,0)=\sum_{n=1}^{N}\frac{(-1)^{n-1}}{N}\binom{N}{n}\times$$

$$\exp\left[-\frac{(x\cos\theta+y\sin\theta-r)^2+(y\cos\theta-x\sin\theta)^2}{w_n^2(0)}\right]$$

$$(3.32)$$

其中

$$\theta=m\alpha_0,\quad(m=0,1,2,\cdots,M-1),\quad\alpha_0=2\pi/M \qquad (3.33)$$

所以，其他几束光束在任意传输距离处的场分布可表示为：

$$E_m(x,y,0)=\sum_{n=1}^{N}\frac{(-1)^{n-1}ikw_n^2(0)}{2NB\beta}\binom{N}{n}\times$$

$$\exp\left[-\left(\frac{\mathrm{i}kD}{2B}+\frac{k^2w_n^2(0)}{4B^2\beta}\right)(x\cos\theta+y\sin\theta)^2-\frac{\mathrm{i}k(x\cos\theta+y\sin\theta)r}{2B\beta}\right]\times$$

$$\exp\left[-\left(\frac{\mathrm{i}kD}{2B}+\frac{k^2w_n^2(0)}{4B^2\beta}\right)(y\cos\theta-x\sin\theta)^2\right]$$

$$\exp\left[-\frac{\mathrm{i}kAr^2}{2B\beta}\right] \tag{3.34}$$

相干叠加情形下，多束光束组束后的场强可表示为[12]：

$$E(x,y,z)=\sum_{m=0}^{M-1}E_m(x,y,z) \tag{3.35}$$

其光强可表示为：

$$I(x,y,z)=E^*(x,y,z)E(x,y,z) \tag{3.36}$$

非相干叠加情形下其光强可表示为：

$$I(x,y,z)=\sum_{m=0}^{M-1}I_m(x,y,z) \tag{3.37}$$

其中：

$$I_m(x,y,z)=E_m^*(x,y,z)E_m(x,y,z) \tag{3.38}$$

接下来，我们将重点研究多束平顶光束在相干叠加和非相干叠加两种不同组束方式情形，其焦平面的场分布。多束平顶光束通过焦距为 f 的薄透镜聚焦时，其相应的 $ABCD$ 矩阵可表示为：

$$\begin{pmatrix}A & B \\ C & D\end{pmatrix}=\begin{bmatrix}-\Delta z & f(1+\Delta z) \\ -\dfrac{1}{f} & 1\end{bmatrix} \tag{3.39}$$

其中：

$$\Delta z=\frac{z-f}{f} \tag{3.40}$$

将方程(3.39)代入方程(3.34)，可得：

$$E_m(x',y',\Delta z)=\sum_{n=1}^{N}\frac{(-1)^{n-1}\mathrm{i}Z_F}{Nn(1+\Delta z)\beta}\binom{N}{n}\times$$

$$\exp\left[-\left(\frac{\mathrm{i}Z_F}{1+\Delta z}+\frac{kZ_F^2}{(1+\Delta z)^2\beta n}\right)(x'\cos\theta+y'\sin\theta)^2\right]\times$$

$$\exp\left[-\left(\frac{\mathrm{i}Z_F}{1+\Delta z}+\frac{kZ_F^2}{(1+\Delta z)^2\beta n}\right)(y'\cos\theta-x'\sin\theta)^2\right]\times$$

$$\exp\left[-\frac{\mathrm{i}Z_F}{(1+\Delta z)\beta}(x'\cos\theta+y'\sin\theta)r'+\frac{\mathrm{i}Z_F\Delta z r'^2}{(1+\Delta z)\beta}\right]$$

$$\tag{3.41}$$

其中：

$$x' = \frac{x}{w_0}$$

$$y' = \frac{y}{w_0}$$

$$r' = \frac{r}{w_0} \tag{3.42}$$

$$Z_F = \frac{kw_0^2}{2f}$$

图 3.12 为相干叠加情形下，6 束平顶光束通过凸透镜聚焦组束后在其焦平面的三维光强分布。模拟参数为：$M=6$，$N=15$，$z=0$。（a）$Z_F=3$，$r'=4$；（b）$Z_F=5$，$r'=4$；（c）$Z_F=3$，$r'=10$；（d）$Z_F=5$，$r'=10$。

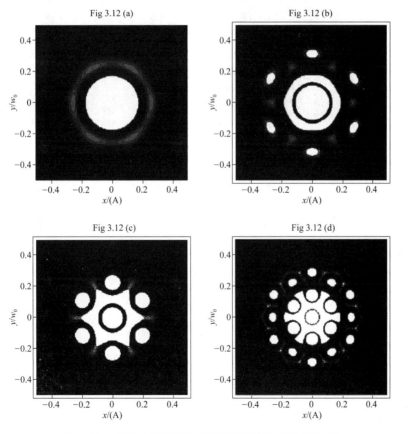

图 3.12　相干叠加情形下平顶光束组束后的光强分布

图 3.13 为非相干叠加情形下，6 束平顶光束通过凸透镜聚焦组束后在其焦平面的三维光强分布。模拟参数为：$M=6$，$N=15$，$z=0$。（a）Z_F

$=3,r'=4$;(b) $Z_F=5,r'=4$;(c) $Z_F=3,r'=10$;(d) $Z_F=5,r'=10$。

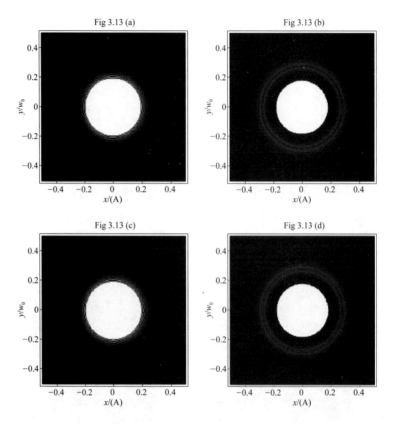

图 3.13 非相干叠加情形下平顶光束组束后的光强分布

从图 3.12 可以看出,组束后其光强分布依赖于 Fresnel 数 Z_F 和归一化半径 r';对于小的 Z_F 和归一化半径 r',组束后的光强具有更好的聚焦性能。对比图 3.12 和图 3.13 可知,非相干叠加情形其光强对各种参数的依赖性明显小于相干叠加情形。

本章利用平顶光束的新模型,即平顶光束可表示为一系列不同参数的高斯光束的叠加,深入地研究了单束平顶光束在聚焦区的光强分布。研究结果表明,平顶光束通过理想薄透镜聚焦后,其轴上最大光强总是位于几何焦点之前,即存在焦移。其焦移量和系统的菲涅尔数以及平顶光束的模式数 N 等参数有关。当菲涅尔数比较小时,焦移越明显;菲涅尔数足够大时,焦移现象会消失。同时基模高斯光束的焦移量大于平顶光束的焦移量。为了满足高性能的要求,我们研究多束平顶光束以相干和非相干叠加方式组束以后其焦平面的光强分布。结果表明,多束平顶光束组束结束后焦平面的光强分布与菲涅尔数、归一化半径以及组束方式等参数有关。非相干叠加情形下,光强分布对归一化半径和菲涅尔数等参数的依赖明显小于相干叠加情形。

3.2　径向偏振光的焦移现象研究

径向偏振光是非均匀偏振波的一种情况,是始终沿着径向的一种偏振光。电矢量振动方向在光束横截面上具有轴对称性。径向偏振光束,由于自身的轴对称性,在激光切割、金属焊接、材料打孔等领域有着重要的应用;同时,径向偏振光束具有独特的紧聚焦特性,特别是在焦点位置处会形成一个沿着光束传播方向的纵向电场,这种特性可被广泛用于粒子物理中的粒子捕获与电子加速、高分辨率显微镜、材料处理及光刻等领域。在本章中,首先介绍径向偏振光的产生和应用,然后重点介绍径向偏振光的焦移现象[13]。

3.2.1　径向偏振光的产生和应用

径向偏振光束横截面上各点的偏振态都是线偏振。一般情形下,径向偏振光可表示为:

$$E = E_x(r,0)\hat{\boldsymbol{e}}_x + E_y(r,0)\hat{\boldsymbol{e}}_y = E_r(r,0)\hat{\boldsymbol{e}}_r \tag{3.43}$$

因此,可以用两个正交线偏振光束TEM$_{10}$合成方径向偏振,如图 3.14 所示。由于激光器输出的光通常是椭圆偏振光,要获得径向偏振光,必须采用特殊的方法。径向偏振光的产生有两种基本方法:主动方法和被动方法。主动方法是在激光器内利用特殊的选模元件选出需要的模式[14,15]。而被动方法是利用一般的高斯光束借助腔外的设计元件转发而成,该方法具有较大的设计灵活性。

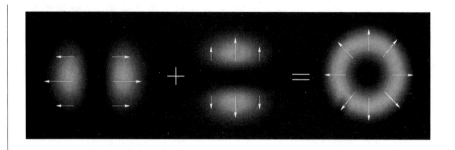

图 3.14 一束 x 偏振 TEM_{10} 和一束 y 偏振 TEM_{10} 合成径向偏振光

接下来,我们将简单介绍通过组合半波片法产生径向偏振光。所谓组合半波片,是由多个扇形的半波片组成,波片的快轴方向的排列能使线偏振光束变成类径向偏振光、半波片数目越多,得到的径向偏振光的纯度越高。另外,其他高阶成分同时存在时,为了抑制它们的影响需要一个离焦的 FPI(Fabry-Perot Interferometer),利用不同模式 Gouy 相移不同而把需要的模式选择出来。实验发现这种方法能够产生高质量的径向偏振光。若用 4 个半波片单元,效率可以达到 75%。若用 8 个半波片,则可达到 92%[16]。

半波片法产生径向偏正光的基本原理如下:众所周知,线偏振光垂直入射到半波片而投射后,仍为线偏振光。如果入射时振动面和晶体主截面之间的夹角为 θ,则透射出来的线偏振光的振动面从原来的方位转过 2θ 角[17]。如图 3.15 所示,线偏振光通过由 4 个扇形的半波片组成的模式转发器,每一个半波片的主截面于入射光振动面的夹角分别为:0°、45°、90°、135°。因此射出来的线偏振光的振动面分别转过 0°、90°、180°、270°,最后叠加成径向偏振光。利用 8 个半波片组成的模式转换器能将 M^2 因子为 1.3 的高斯光束转换成 M^2 因子为 2.5 的径向偏振光[(0,1)阶 Laguerre-Gaussian 光束][18]。

径向偏振光由于其偏振态关于光轴的对称性以及始终存在的轴上光强为零等特点而备受关注。在经过聚焦系统会聚后,其焦点具有特殊的性质。径向偏振光束焦点区域存在径向和传播方向上的光场分量,不存

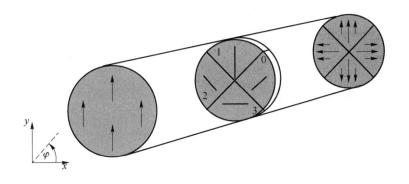

图 3.15   通过半波片法产生径向偏振光的原理示意图

在方位角方向上的分量。径向光场分量在焦平面上是圆环形光斑,而轴向光场则是一个中心光强大的圆斑;径向光场分量比轴向光场分量强,圆环光斑中心点是一个光强极小值;径向偏振光在焦点附近比均匀偏振光有更强的纵向分量,而方位角偏振光没有纵向分量。这些特点使它们在很多方面发挥着重要作用,比如显微镜,平版印刷,频率位移,电子加速,光学捕捉和控制,材料加工以及高分辨测量等。尤其是在光镊中的应用越来越被重视,这项技术可以用于观测纳米微粒,微流体分类,构建近场光学显微镜,甚至可以捕捉和操控单个细胞或染色体,这对于细胞内单分子级的图像研究开辟了新的研究方法。径向偏振光做光镊可以捕捉金属瑞利微粒。金属微粒由于其很强的散射力和吸收力而很难捕捉。研究表明在三维空间中用径向偏振光产生的光镊可以稳定地捕捉金属微粒。高数字孔径聚焦的径向偏振光其轴向分量很强,从而产生很大的梯度力。同时这个轴向场分量对沿光轴的波印廷矢量没有贡献,因此,不产生轴向的散射力和吸收力。由于梯度力和散射空间上的分离,可以稳定捕捉金属微粒。

3.2.2   径向偏振光的焦移

由第 2 章可知,当一束激光束通过一个理想的薄透镜聚焦时,其轴上最大光强总是偏离几何焦点,即出现焦移。对焦移现象的大部分研究工作集中在线偏振的情形,下面我们将以径向偏振光为例研究矢量光束的焦移现象。如图 3.16 所示,假设一束径向偏振光通过一个理想薄透镜聚焦。

Fig 3.16

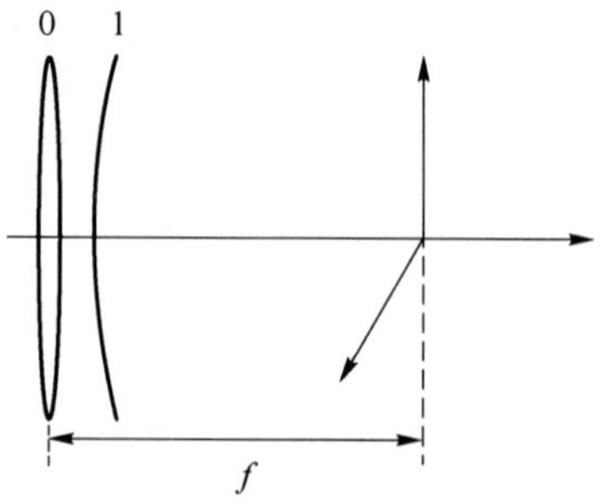

图 3.16　径向偏振光的聚焦示意图

径向偏振光在 $z=0$ 平面的场强可表示为[19,20]：

$$E_{p1}(x,y,0)=\frac{\sqrt{2}E_0}{w_0}L_p^1\left[\frac{2(x^2+y^2)}{w_0^2}\right]\exp\left[-\frac{x^2+y^2}{w_0^2}\right]\left[x\,\hat{\boldsymbol{e}}_x+y\,\hat{\boldsymbol{e}}_y\right]$$

$$=E_{p1x}(x,y,0)\,\hat{\boldsymbol{e}}_x+E_{p1y}(x,y,0)\,\hat{\boldsymbol{e}}_y$$

$$(3.44)$$

其中 w_0 是光束的束腰宽度，$\hat{\boldsymbol{e}}_x$ 和 $\hat{\boldsymbol{e}}_y$ 分别表示 x 和 y 方向的单位矢量，$L_p^1(\cdot)$ 为拉盖尔函数。对于矢量偏振光而言，可以用光束相干矩阵来描述其传播特性[21,22]。光束相干矩阵可表示为：

$$\hat{\boldsymbol{J}}(\boldsymbol{r}_1,\boldsymbol{r}_2,z)=\begin{bmatrix}J_{xx}(\boldsymbol{r}_1,\boldsymbol{r}_2,z) & J_{xy}(\boldsymbol{r}_1,\boldsymbol{r}_2,z)\\J_{yx}(\boldsymbol{r}_1,\boldsymbol{r}_2,z) & J_{yy}(\boldsymbol{r}_1,\boldsymbol{r}_2,z)\end{bmatrix}\quad(3.45)$$

其中

$$J_{xx}(\boldsymbol{r}_1,\boldsymbol{r}_2,z)=E_x^*(\boldsymbol{r}_1,z)E_x(\boldsymbol{r}_2,z)\quad\quad(3.46a)$$

$$J_{yy}(\boldsymbol{r}_1,\boldsymbol{r}_2,z)=E_y^*(\boldsymbol{r}_1,z)E_y(\boldsymbol{r}_2,z)\quad\quad(3.46b)$$

$$J_{xy}(\boldsymbol{r}_1,\boldsymbol{r}_2,z)=\gamma_0 E_x^*(\boldsymbol{r}_1,z)E_y(\boldsymbol{r}_2,z)=J_{yx}^*(\boldsymbol{r}_1,\boldsymbol{r}_2,z)\quad(3.46c)$$

γ_x 表示两个正交偏振光之间相干性的一个物理量。在任意一个观察点 $(\boldsymbol{r},z)$ 的光强可表示为[22]：

$$I(\boldsymbol{r},z)=J_{xx}(\boldsymbol{r},\boldsymbol{r},z)+J_{yy}(\boldsymbol{r},\boldsymbol{r},z)$$

$$=E_x^*(\boldsymbol{r},z)E_x(\boldsymbol{r},z)+E_y^*(\boldsymbol{r},z)E_y(\boldsymbol{r},z)\quad(3.47)$$

光束相干矩阵的每一个矩阵元遵循以下传播公式[21,22]：

$$J_{\alpha\beta}(\boldsymbol{r}_1,\boldsymbol{r}_2,z)=\iint J_{\alpha\beta}(\boldsymbol{\rho}_1,\boldsymbol{\rho}_2)K^*(\boldsymbol{r}_1,\boldsymbol{\rho}_1,z)K(\boldsymbol{r}_2,\boldsymbol{\rho}_2,z)\,\mathrm{d}^2\boldsymbol{\rho}_1\,\mathrm{d}^2\boldsymbol{\rho}_2,$$

$$\alpha = x, y \tag{3.48}$$

其中 $K(\boldsymbol{r}, \boldsymbol{\rho}, z)$ 为传播因子，$\rho = \sqrt{\xi^2 + \eta^2}$。

对于完全相干光而言，在任意传播位置 z 处的电场可表示为：

$$E_\alpha(\boldsymbol{r}, z) = \int_0^{2\pi} \int_0^{\infty} E_\alpha(\boldsymbol{\rho}, z) K(\boldsymbol{r}, \rho, z) \rho \mathrm{d}\rho \mathrm{d}\theta, \quad \alpha = x, y \tag{3.49}$$

对于我们所研究的情形，其传播因子可表示为：

$$K(\boldsymbol{r}, \rho, z) = \frac{k \exp(\mathrm{i}kz)}{2\pi \mathrm{i}z} \exp\left[\frac{\mathrm{i}k}{2z}(\boldsymbol{r} - \boldsymbol{\rho})^2 \exp\left(-\mathrm{i}\frac{k\boldsymbol{\rho}^2}{2f}\right)\right] \tag{3.50}$$

将方程(3.44)代入方程(3.49)可得：

$$E_{plx}(\boldsymbol{r}, z) = \frac{(-1)^{p+1}\sqrt{2}E_0 Z_R^2 x}{w_0 z^2 S^2}\left(\frac{S^*}{S}\right)^P \times$$

$$\exp\left(\mathrm{i}kz + \frac{\mathrm{i}kr^2}{2z} - \frac{Z_R^2 r^2}{z^2 w_0^2 S}\right) L_p^1\left(\frac{2Z_R^2 r^2}{w_0^2 z^2 |S|^2}\right) \tag{3.51}$$

$$E_{plx}(\boldsymbol{r}, z) = \frac{(-1)^{p+1}\sqrt{2}E_0 Z_R^2 y}{w_0 z^2 S^2}\left(\frac{S^*}{S}\right)^P \times$$

$$\exp\left(\mathrm{i}kz + \frac{\mathrm{i}kr^2}{2z} - \frac{Z_R^2 r^2}{z^2 w_0^2 S}\right) L_p^1\left(\frac{2Z_R^2 r^2}{w_0^2 z^2 |S|^2}\right) \tag{3.52}$$

其中

$$S = 1 + \mathrm{i}Z_F - \mathrm{i}\frac{Z_R}{z} \tag{3.53}$$

$Z_R = \frac{kw_0^2}{2}$ 为瑞利距离，$Z_R = \frac{kw_0^2}{2f}$ 为 π 乘以 Fresnel number。

因此，在任意观察点 $(\boldsymbol{r}, z)$，径向偏振光通过理想薄透镜聚焦后的光强可表示为：

$$I(\boldsymbol{r}, z) = \frac{2E_0^2 Z_R^2 r^2}{w_0^2 z^4 |S|^4} \exp\left(-\frac{2Z_R^2 r^2}{z^2 w_0^2 S}\right)\left[L_p^1\left(\frac{2Z_R^2 r^2}{w_0^2 z^2 |S|^2}\right)\right]^2 \tag{3.54}$$

从方程(3.54)可以看出，径向偏振光通过理想薄透镜聚焦后其光强分布与瑞利距离 Z_R，Fresnel number，光束的模式数 P 等参数有关。在傍轴近似条件下，其径向偏振光轴上光强 $(r=0)$ 总是等于零。因此，处理标量光焦移现象的一般方法，即研究其轴上光强，不再适用于矢量光情形。对于矢量光情形，应采用更加普遍的环围能量方法，即光强分布曲线 $I(r)$ 上占总能量 η 处两点间距离的一半定义为束宽[23]：

$$\frac{\int_0^{2\pi} \int_0^{r_0} I(\boldsymbol{\rho}, \theta, z_0) \rho \mathrm{d}\rho \mathrm{d}\theta}{\int_0^{2\pi} \int_0^{\infty} I(\boldsymbol{\rho}, \theta, z_0) \rho \mathrm{d}\rho \mathrm{d}\theta} = \eta \tag{3.55}$$

其实际的焦点位于最小束宽处,而焦移量 $\Delta z = f - z_0$ 可通过数值模拟得出。在我们的模拟过程中,取 $\eta = 0.8$。

为了更加清楚了解径向偏振光通过理想薄透镜聚焦后的光强分布,图 3.17 画出了不同参数下径向偏振光在聚焦区的三维光强分布图。如图 3.17 所示,径向偏振光的最大光强总是位于几何焦点($z = 80$ mm)前,即出现焦移。其光强分布明显不关于焦平面 $z = 80$ mm 对称。对比图 3.17(a)和 3.17(b)可知,与径向偏振光的模式数 p 有关。随着 Fresnel 数 Z_F 的增大,焦移量 $\Delta z = f - z_0$ 逐渐变小,且轴上光强总是为零,如图 3.17(c)和 3.17(d)所示。

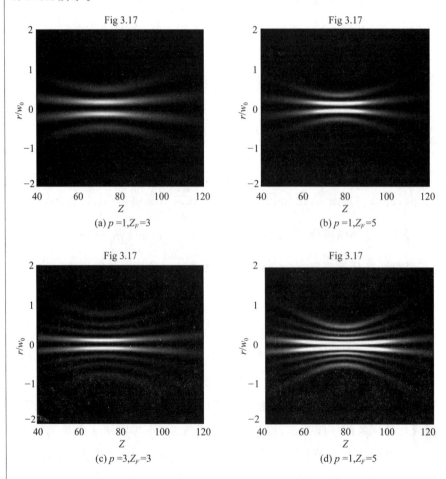

图 3.17 径向偏振光在聚焦区的三维光强分布(模拟参数:$f = 80$ mm)

图 3.18 画出了不同模式数 p 情形下,径向偏振光在其焦平面的光强分布。从图 3.18 可以看出,随着 Fresnel 数的增加,其光强向中间靠拢,

即对于大的 Fresnel 数,其光具有更好的聚焦性能。同时,在其横截面上存在 $2(p+1)$ 个光强极大值,这和 $z=0$ 平面时的形状一样。也就是说,在傍轴近似下,径向偏振光在传输过程中能保持其形状不变,也可以从方程(3.44),方程(3.51)和方程(3.52)看出。

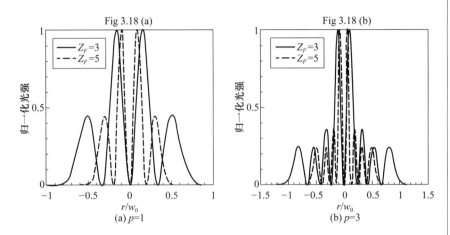

图 3.18 径向偏振光在其焦平面的光强分布

图 3.19 画出了基于环围能量标准下,不同模式的束宽随传输距离的变化曲线图。从图 3.19 可以看出,基于环围能量标准下,随着传输距离 z/f 的增大,径向偏振光的束腰宽度先逐渐减小,然后逐渐增大。在同一传输距离处,径向偏振光的束宽随着 p 的增大而增大,但其最小束宽几乎都位于同一位置。

图 3.20 画出了 $p=2$ 情形下,相对焦移量 $\frac{\Delta z}{f}$ 随 Fresnel 数 Z_F 的变化曲线图。从图 3.20 可以看出,随着 $Fresnel$ 数的增大,相对焦移量 $\frac{\Delta z}{f} = \frac{f-z_0}{f}$ 急剧减小,最后趋近于零。即在 Fresnel 数足够大的情形下,焦移现象会消失。与线偏振相比,径向偏振光的焦移量明显大于线偏振光。从方程(3.44)可以看出,径向偏振光可以表示为一束 x 偏振光和一束 y 偏振光的叠加,因此其相对焦移量会大于线偏振光的焦移量。

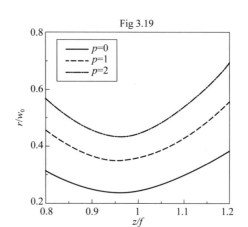

图 3.19　基于环围能量标准下，不同模式的束宽随传输距离的变化曲线图，

模拟参数为：$Z_F = 5, Z_R = 400\ mm, f = 80\ mm$

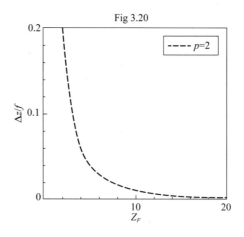

图 3.20　$p = 2$ 情形下，相对焦移量随 Fresnel 数 Z_F 的变化曲线图

从光束相干矩阵出发，得到了径向偏振光通过一个理想的薄透镜聚焦后光强分布的解析表达式。基于该解析表达式，我们研究了径向偏振光在焦平面附近的三维光强分布。研究结果表明，径向偏振光在焦平面的光强分布与 Fresnel 数、Z_R 以及模式数 p 等参数有关。径向偏振光通过理想的薄透镜聚焦后，其最大光强总是位于几何焦平面之前，即存在焦移现象。径向偏振光的相位焦移量与 Z_F 紧密相关。在 Z_F 足够大时，其相对焦移量为零。也就是说，焦移现象在 Fresnel 数足够大的情况下，焦移现象会消失。和线性偏振光相比，径向偏振光的焦移量明显大于线偏振光的焦移量，也就是说偏振态也会影响其焦移量。

3.3　空心光束在远场的矢量结构分析

由于空心光束具有一系列新颖独特的物理性质,如桶状强度分布、较小的暗斑尺寸和传播不变性,并且具有自旋与轨道角动量等独特的物理性质,在激光光学、二元光学、计算全息、微观粒子的光学囚禁、材料科学、生物医学等方面有着广泛的应用前景,并正在形成一个新颖的所谓空心光束(也称暗中空光束)的大家族。

3.3.1　描述空心光束的几种模型

近年来,随着激光应用技术的发展,各种中心强度为零的激光束被相继产生,形成了空心光束的大家族。接下来,我们简单介绍描述空心光束的几种数学—物理模型。

1. 双矩形分布空心光束

作为理想的空心光束,一束具有如下表达式的双矩形强度分布的空心光束(如图 3.21 所示),迄今为止还没有在实验上产生出来,其场强分布可表示为:

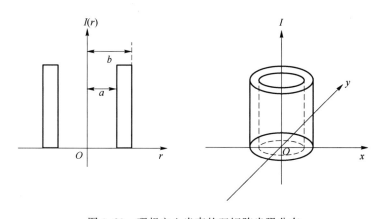

图 3.21　理想空心光束的双矩阵光强分布

$$I(r)=\begin{cases} 0, & r<a \\ I_0, a\leqslant r\leqslant b, & \Delta r=b-a\ll a \\ 0, & r>b \end{cases} \tag{3.56}$$

很显然,这种光束具有极高的强度梯度,可望达到甚至超过消逝波光场的强度梯度。因此,这是一类对中性原子具有高效 Sisyphus 冷却效果的理想空心光束。

2. 高阶 Bessel 光束

高阶 Bessel 光束是一种无衍射的空心激光束,其线偏振的场分布可表示为:

$$E_l(r,\varphi,z)=\left[\frac{A}{w(z)}\right]\exp(\mathrm{i}\,k_z z)J_l(k_r r)\exp(il\varphi) \tag{3.57}$$

其中 A 为归一化常数,k_r 和 k_z 表示波矢 k 的横向和纵向分量,J_l 指 l 阶 Bessel 函数。波数 k 可表示为:

$$k=\frac{2\pi n}{\lambda}=\sqrt{k_z^2+k_r^2} \tag{3.58}$$

容易证明,由方程(3.57)表征的高阶 Bessel 光束和无限大平面波一样,是非平方可积的,物理上意味着它携带无穷大的能量,这显然是不可能的。因此,我们很难实现理想的 Bessel 光束。实际上的光束都是有限宽度的。研究表明,有限宽的近似无衍射光束可以用多种实验方法来实现,诸如用环缝—透镜系统、F-P 腔、计算全息术等。在 Bessel 光束上加一Gauss 轮廓分布的调制,就可形成 Bessel-Gauss 光束。线偏振的 Bessel-Gauss 光束可表示为:

$$E_l(r,\varphi,z)=\frac{A}{w(z)}\exp(ik_z z)J_l(k_r r)\exp(il\varphi)\exp\left[-\frac{r^2}{w^2(z)}\right] \tag{3.59}$$

除了零阶 Bessel-Gauss 光束的中心光强最大以外,所有的高阶 Bessel-Gauss 光束是轴向强度为零的空心光束。高阶 Bessel-Gauss 光束的轴向强度之所以为零,是因为存在着与弧向位相因子 $\exp(il\varphi)$ 联系的位相奇异。线偏振的高阶 Bessel-Gauss 光束的无衍射特性,光束的强度分布在传播过程中几乎可保持不变,在微米甚至纳米粒子(包括中性原子、分子和生物细胞)的激光导引与旋转操作,冷原子束的激光准直以及原子光刻术等方面越来越受到研究者的青睐。

3. 空心 Gauss 光束

2003 年,蔡阳健等人提出了一种描述空心光束的新理论模型—空心 Gauss 光束模型。空心 Gauss 光束在 $z=0$ 处的光场分布定义式为[24]:

$$E_n(r,0)=G_0\left(\frac{r^2}{w_0^2}\right)^n\exp\left(-\frac{r^2}{w_0^2}\right) \tag{3.60}$$

其中 n 为空心 Gauss 光束的阶数,G_0 为一常数。当 $n=0$ 时,方程(3.60)就退化到光斑半径为 w_0 的 Gauss 光束。图 3.22 给出了不同阶数的空心 Gauss 光束归一化强度随径向距离的变化曲线图。从图 3.22 中可以看出,当阶数 n 变大时,空心光束的光束宽度变大,暗斑尺寸也在变大。

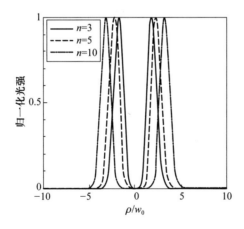

图 3.22 空心 Gauss 光束归一化强度随径向距离的变化曲线图

众所周知

$$x^{2n}=\frac{n!}{2^n}\sum_{p=0}^{n}\binom{n}{p}L_p(2x^2) \tag{3.61}$$

其中 $L_p(x)$ 为 Laguerre 多项式。所以方程(3.60)又可表示为:

$$E_n(r,0)=G_0\frac{n!}{2^n}\sum_{p=0}^{n}\binom{n}{p}L_p\left(\frac{2r^2}{w_0^2}\right)\exp\left(-\frac{r^2}{w_0^2}\right) \tag{3.62}$$

从方程(3.62)可以看出,空心 Gauss 光束可表示为一系列 Laguerre-

Gauss 光束之和。

3.3.2 描述空心 Gauss 光束的产生

由 3.3.1 节的分析可知,空心 Gauss 光束可表示为[24]:

$$H_g^n(x,y) = G_0 \left(\frac{x^2+y^2}{w_0^2}\right)^n \exp\left(-\frac{x^2+y^2}{w_0^2}\right) \tag{3.63}$$

其中 G_0 为一常数,w_0 是 Gauss 光束的束腰宽度,n 是空心 Gauss 光束的模式数。我们知道,基模 Gauss 光束可表示为:

$$E(x,y,z) = G(z)\exp\left[-\frac{x^2+y^2}{w^2(z)}\right] \times \exp\left[-ik\frac{x^2+y^2}{2R(z)}\right] \tag{3.64}$$

其中 R_z,$w(z)$ 是 z 处的光束曲率半径和束腰宽度。位于光束束腰宽度的基模 Gauss 光束可表示为:

$$E(x,y) = G_0 \exp\left(-\frac{x^2+y^2}{w_0^2}\right) \tag{3.65}$$

众所周知,Gauss 函数的傅里叶变换仍然是 Gauss 函数,因此基模 Gauss 光束的傅里叶变换为:

$$\begin{aligned}
\widetilde{E}(u,v) &= \iint_{-\infty}^{\infty} E(x,y)\exp[-2i\pi(xu+yv)]\,\mathrm{d}x\mathrm{d}y \\
&= G_0 \pi w_0^2 \exp[-\pi^2 w_0^2(u^2+v^2)] \\
&= G_0 \left(\frac{1}{\pi\widetilde{w}^2}\right)\exp\left(-\frac{u^2+v^2}{\widetilde{w}_0^2}\right)
\end{aligned} \tag{3.66}$$

其中

$$\widetilde{w}_0 = \frac{1}{\pi w_0} \tag{3.67}$$

根据傅里叶变换性质,对于任意函数 $f(x,y)$,有:

$$\mathbb{F}\left\{\frac{\partial^n f(x,y)}{\partial x^n}\right\} = (-2i\pi)^n u^n \, \mathbb{F}\{f(x,y)\}(u,v) \tag{3.68}$$

对于 Gauss 函数而言,我们可得:

$$\mathbb{F}\left\{(-1)^n \frac{\partial^{2n} E(x,y)}{\partial x^{2n}}\right\}(u,v) = (2\pi)^{2n} u^{2n}\widetilde{E}(u,v) \tag{3.69}$$

$$\mathbb{F}\left\{(-1)^n \frac{\partial^{2n} E(x,y)}{\partial y^{2n}}\right\}(u,v) = (2\pi)^{2n} u^{2n}\widetilde{E}(u,v) \tag{3.70}$$

我们知道,Hermite 多项式可表示为:

$$H_n(x) = (-1)^n \exp(x^2) \frac{\mathrm{d}^n}{\mathrm{d}x^n} \exp(-x^2) \tag{3.71}$$

将方程(3.71)代入方程(3.69),可得:

$$\mathbb{F}\left\{\left(-\frac{1}{4}\right)^n H_{2n}\left(\frac{x}{w_0}\right) E(x,y)\right\} = \left(\frac{u^2}{\tilde{w}_0^2}\right)^n \tilde{E}(u,v) \tag{3.72a}$$

将方程(3.71)代入方程(3.70),可得:

$$\mathbb{F}\left\{\left(-\frac{1}{4}\right)^n H_{2n}\left(\frac{y}{w_0}\right) E(x,y)\right\} = \left(\frac{u^2}{\tilde{w}_0^2}\right)^n \tilde{E}(u,v) \tag{3.72b}$$

因此,我们可得:

$$\mathbb{F}\left\{\left(-\frac{1}{4}\right)^n \sum_{k=0}^n C_n^k H_{2k}\left(\frac{x}{w_0}\right) H_{2n-2k}\left(\frac{y}{w_0}\right) E(x,y)\right\}$$

$$= \left(\frac{u^2}{\tilde{w}_0^2} + \frac{v^2}{\tilde{w}_0^2}\right)^n \tilde{E}(u,v) \tag{3.73}$$

其中

$$C_n^k = \frac{n!}{k!(n-k)!} \tag{3.74}$$

方程(3.73)左边是一个 n 阶空心 Gauss 光束。因此,可以对 Gauss 光束做傅里叶变换,从而得到空心 Gauss 光束。2007 年[25],刘政军等人利用空间滤波器得到空心 Gauss 光束,其实验装置如图 3.23 所示。Gauss 光束从透镜L_1的焦平面入射。空间光调制器(SLM)放置在透镜L_1的另一个焦平面上。空间光调制器可表示为:

$$P_n(u,v) = \left(-\frac{1}{4}\right)^n \sum_{k=0}^n C_n^k H_{2k}\left(\frac{u}{\tilde{w}_0}\right) H_{2n-2k}\left(\frac{v}{\tilde{w}_0}\right) \tag{3.75}$$

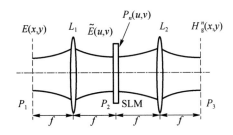

图 3.23 空心 Gauss 光束的产生的实验装置图

在距离空间光调制器 f 的地方在放置一个焦距为 f 的透镜L_2,从而在透镜L_2的另一个焦平面可以得到空心 Gauss 光束。其数值模拟得结果如图 3.24 所示。

$n=1$ $\qquad n=3 \qquad n=6$

图 3.24　空心 Gauss 光束产生的数值模拟结果图

3.3.3　空心 Gauss 光束的矢量结构分析

由矢量 Helmholtz 方程的角谱解,在任意观察位置(x,y,z)的场强可表示为[26-28]:

$$E_x(x,y,z)=\iint_{-\infty}^{+\infty}A_x(p,q)\exp\left[ik(px+qy+\gamma z)\right]\mathrm{d}p\mathrm{d}q \quad (3.76)$$

$$E_y(x,y,z)=\iint_{-\infty}^{+\infty}A_y(p,q)\exp\left[ik(px+qy+\gamma z)\right]\mathrm{d}p\mathrm{d}q \quad (3.77)$$

$$E_z(x,y,z)=-\int\int_{-\infty}^{+\infty}\left[\frac{p}{\gamma}A_x(p,q)\right.$$
$$\left.+\frac{q}{\gamma}A_y(p,q)\right]\exp\left[ik(px+qy+\gamma z)\right]\mathrm{d}p\mathrm{d}q$$
$$(3.78)$$

其中$k=2\pi/\lambda$为波数,λ是介质中的波长,

$$\gamma=\begin{cases}(1-p^2-q^2)^{1/2}, & p^2+q^2\leqslant 1\\(p^2+q^2-1)^{1/2}, & p^2+q^2>1\end{cases} \quad (3.79)$$

$p^2+q^2>1$对应 evanescent 波部分,而$p^2+q^2\leqslant 1$对应均匀传播部分。其中$A_x(p,q)$和$A_y(p,q)$可表示为:

$$A_x(p,q)=\frac{1}{\lambda^2}\iint_{-\infty}^{+\infty}E_x(x,y,0)\exp\left[-ik(px+qy)\right]\mathrm{d}x\mathrm{d}y \quad (3.80)$$

$$A_y(p,q)=\frac{1}{\lambda^2}\iint_{-\infty}^{+\infty}E_y(x,y,0)\exp\left[-ik(px+qy)\right]\mathrm{d}x\mathrm{d}y \quad (3.81)$$

在$z=0$平面,空心 Gauss 光束可表示为[24,29]:

$$E_x(x,y,0) = G_0\left(\frac{\rho^2}{w_0^2}\right)\exp\left(-\frac{\rho^2}{w_0^2}\right) \tag{3.82}$$

$$E_y(x,y,0) = 0 \tag{3.83}$$

其中 n 是光束的模式数，w_0 是 Gauss 光束的束腰宽度，G_0 为一常数，$\rho = \sqrt{x^2+y^2}$。空心 Gauss 光束在 $z=0$ 平面的光强分布如图 3.22 所示。将方程(3.82)和(3.83)分别带入方程(3.80)和方程(3.81)，可得：

$$A_x(p,q) = G_0\frac{n!}{\pi f^2 2^{n+2}}\sum_{m=0}^{n}\binom{n}{m}L_m\left(\frac{p^2+q^2}{2f^2}\right)\exp\left(-\frac{p^2+q^2}{4f^2}\right) \tag{3.84}$$

$$A_y(p,q) = 0 \tag{3.85}$$

其中 $f=1/kw_0$。

众所周知，在自由空间中 Maxwell 方程可以分解成 $\boldsymbol{E}_{TE}(\boldsymbol{r})$ 和 $\boldsymbol{E}_{TM}(\boldsymbol{r})$，即[26-28]：

$$\boldsymbol{E}(\boldsymbol{r}) = \boldsymbol{E}_{TE}(\boldsymbol{r}) + \boldsymbol{E}_{TM}(\boldsymbol{r}) \tag{3.86}$$

其中

$$\boldsymbol{E}_{TE}(\boldsymbol{r}) = \iint_{-\infty}^{+\infty}\frac{1}{p^2+q^2}\left[qA_x(p,q)-pA_y(p,q)\right]$$
$$(q\,\hat{e}_x - p\,\hat{e}_y)\exp(iku)\mathrm{d}p\mathrm{d}q \tag{3.87}$$

$$\boldsymbol{E}_{TE}(\boldsymbol{r}) = \iint_{-\infty}^{+\infty}\frac{1}{p^2+q^2}\left[qA_x(p,q)-pA_y(p,q)\right]$$
$$(q\hat{e}_x - p\hat{e}_y - b^2/\gamma\hat{e}_z)\exp(iku)\mathrm{d}p\mathrm{d}q \tag{3.88}$$

$\boldsymbol{r} = x\hat{e}_x + y\hat{e}_y + z\hat{e}_z$ 为位移矢量，$u=px+qy+\gamma z$。从方程(3.86)可以看出，方程(3.87)和方程(3.88)代表的矢量是相互垂直的。由 Maxwell 方程和方程(3.86)可知，此常的 TE 项和 TM 项可分别表示为：

$$\boldsymbol{H}(\boldsymbol{r}) = \boldsymbol{H}_{TE}(\boldsymbol{r}) + \boldsymbol{H}_{TM}(\boldsymbol{r}) \tag{3.89}$$

其中

$$\boldsymbol{H}_{TE}(\boldsymbol{r}) = \sqrt{\frac{\varepsilon}{\mu}}\int\int_{-\infty}^{+\infty}\frac{1}{p^2+q^2}\left[qA_x(p,q)-pA_y(p,q)\right]\times$$
$$(p\gamma\hat{e}_x + q\gamma\hat{e}_y - (p^2+q^2)\hat{e}_z)\exp(iku)\mathrm{d}p\mathrm{d}q \tag{3.90}$$

$$\boldsymbol{H}_{TE}(\boldsymbol{r}) = -\sqrt{\frac{\varepsilon}{\mu}}\int\int_{-\infty}^{+\infty}\frac{1}{p^2+q^2}\left[qA_x(p,q)+pA_y(p,q)\right]\frac{1}{b^2\gamma}$$

$$(q\hat{e}_x - p\hat{e}_y)\exp(iku)\mathrm{d}p\mathrm{d}q \tag{3.91}$$

在远场 z 是足够大,因此满足 $k(x^2+y^2+z^2)^{1/2}\to\infty$,即可以忽略 evanescent 波部分。同时利用静态位相法[30,31],可得空心 Gauss 光束在远场 TE 项,可表示为:

$$\boldsymbol{E}_{TE}(\boldsymbol{r}) = -G_0\frac{n!}{2^n}\sum_{m=0}^{n}\binom{n}{m}\frac{\mathrm{i}Z_Ryz}{r^2\,\rho^2}L_m\left(\frac{\rho^2}{2\,f^2r^2}\right)$$
$$\exp\left(-\frac{\rho^2}{4\,f^2r^2}+\mathrm{i}kr\right)(y\hat{e}_x - x\hat{e}_y) \tag{3.92}$$

$$\boldsymbol{H}_{TE}(\boldsymbol{r}) = -G_0\sqrt{\frac{\varepsilon}{\mu}}\frac{n!}{2^n}\sum_{m=0}^{n}\binom{n}{m}\frac{\mathrm{i}Z_Ryz}{r^3\,\rho^2}L_m\left(\frac{\rho^2}{2\,f^2r^2}\right)\times$$
$$\exp\left(-\frac{\rho^2}{4\,f^2r^2}+\mathrm{i}kr\right)(xz\hat{e}_x + yz\hat{e}_y - \rho^2\hat{e}_z) \tag{3.93}$$

其中 $Z_R = kw_0^2/2$。同理,TM 可表示为:

$$\boldsymbol{E}_{TM}(\boldsymbol{r}) = -G_0\frac{n!}{2^n}\sum_{m=0}^{n}\binom{n}{m}\frac{\mathrm{i}Z_Ryz}{r^2\,\rho^2}L_m\left(\frac{\rho^2}{2\,f^2r^2}\right)\times$$
$$\exp\left(-\frac{\rho^2}{4\,f^2r^2}+\mathrm{i}kr\right)(xz\hat{e}_x + yz\hat{e}_y - \rho^2\hat{e}_z) \tag{3.94}$$

$$\boldsymbol{H}_{TM}(\boldsymbol{r}) = G_0\sqrt{\frac{\varepsilon}{\mu}}\frac{n!}{2^n}\sum_{m=0}^{n}\binom{n}{m}\frac{\mathrm{i}Z_Rx}{r\,\rho^2}L_m\left(\frac{\rho^2}{2\,f^2r^2}\right)\exp\left(-\frac{\rho^2}{4\,f^2r^2}+\mathrm{i}kr\right)$$
$$(y\hat{e}_x - x\hat{e}_y) \tag{3.95}$$

方程(3.92)和方程(3.94)是本节的基本结果,它们不但适用于傍轴情形,同时也适用于非傍轴情形。从方程(3.92)和方程(3.94)可以看出,TE 项和 TM 项相互垂直,可以分离。该性质可用来提高光存储的密度[32]。

在远场能流分布 z 方向的分量可表示为:

$$\langle\boldsymbol{S}_z\rangle = \frac{1}{2}RE\left[\boldsymbol{E}^*(\boldsymbol{r})\times\boldsymbol{H}(\boldsymbol{r})\right]_z = \langle\boldsymbol{S}_z\rangle_{TE} + \langle\boldsymbol{S}_z\rangle_{TM} \tag{3.96}$$

其中 R_e 表示取实部。因此,空心 Gauss 光束在远场能流分布 z 方向的分量(TE 项)可表示为:

$$\langle\boldsymbol{S}_z\rangle_{TE} = G_0^2\sqrt{\frac{\varepsilon}{\mu}}\frac{(n!)^2}{2^{2n+1}}\frac{Z_R^2y^2z^3}{r^5\,\rho^2}\sum_{m=0}^{n}\sum_{b=0}^{n}\binom{n}{m}\binom{n}{b}$$

$$L_m\left(\frac{\rho^2}{2\ f^2 r^2}\right)L_b\left(\frac{\rho^2}{2\ f^2 r^2}\right)\exp\left(-\frac{\rho^2}{2\ f^2 r^2}\right) \tag{3.97}$$

同理，TM 项可表示为：

$$\langle \boldsymbol{S}_z\rangle_{TM} = G_0^2\sqrt{\frac{\varepsilon}{\mu}}\frac{(n!)^2}{2^{2n+1}}\frac{Z_R^2 x^2 z}{r^3\rho^2}\sum_{m=0}^{n}\sum_{b=0}^{n}\binom{n}{m}\binom{n}{b}$$

$$L_m\left(\frac{\rho^2}{2\ f^2 r^2}\right)L_b\left(\frac{\rho^2}{2\ f^2 r^2}\right)\exp\left(-\frac{\rho^2}{2\ f^2 r^2}\right) \tag{3.98}$$

因此，空心 Gauss 光束在远场能流分布 z 方向的分量可表示为：

$$\langle \boldsymbol{S}_z\rangle = G_0^2\sqrt{\frac{\varepsilon}{\mu}}\frac{(n!)^2}{2^{2n+1}}\frac{Z_R^2 z}{r^3\rho^2}\left(\frac{y^2 z^2}{r^2}+x^2\right)\times$$

$$\sum_{m=0}^{n}\sum_{b=0}^{n}\binom{n}{m}\binom{n}{b}L_m\left(\frac{\rho^2}{2\ f^2 r^2}\right)L_b\left(\frac{\rho^2}{2\ f^2 r^2}\right)\exp\left(-\frac{\rho^2}{2\ f^2 r^2}\right) \tag{3.99}$$

图 3.25 和图 3.26 分别给出了光束模式数 $n=4$ 和 $n=10$ 时，空心光束在 $z=600\lambda$ 平面的归一化能流分布图。其束腰宽度 $w_0=6\lambda$。从图 3.25 和图 3.26 可以看出，在远场 TE 项和 TM 项是相互垂直的，且当空心 Gauss 光束传播到远场时，并不能保持其环状形状不变。这是因为空心 Gauss 光束不是一个纯模，不同模式随传输距离的演化速度不一样，因此在传播过程中不能保持形状不变。在远场其轴上光强最大，随着光束模式数 n 的增大，其轴上能量的最大值迅速增大。

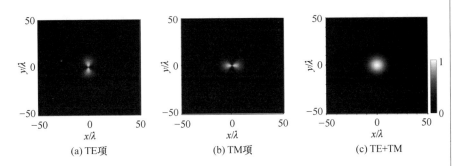

(a) TE项　　　　　　(b) TM项　　　　　　(c) TE+TM

图 3.25　当 $n=4$ 时，空心光束在 $z=600\lambda$ 平面的归一化能流分布图

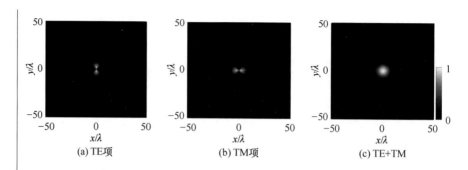

(a) TE项　　　　　　(b) TM项　　　　　　(c) TE+TM

图 3.26　当 $n=10$ 时,空心光束在 $z=600\lambda$ 平面的归一化能流分布图

我们利用高斯光束的传播公式,得到了平顶光束经过 $ABCD$ 矩阵后的传播公式。基于该公式,系统研究了平顶光束在聚焦区的光强分布。研究结果表明,平顶光束的轴上最大光强总是位于几何焦点之前,存在焦移。其焦移量与系统的菲涅尔数、光束的模式数等参数有关。但是,非相干叠加情形小,焦平面的光强分布对归一化半径和菲涅尔数等参数的依赖性明显小于相干叠加情形。

为了更加深入地理解焦移现象,以径向偏振光为例,我们研究了径向偏振光在聚焦区的光强分布。研究结果表明,径向偏振光同样存在焦移,其焦移量与系统的菲涅尔数密切相关。但是,与偏振光相比,径向偏振光的焦移量明显大于线偏振光的焦移动量。

基于角谱方法和静态位相法,将空心高斯光束在远场展开成相互垂直的 TE 项和 TM 项,并得到了其远场的能流分布。研究结果表明,空心光束在传播过程中,并不能保持其形状不变。在远场,轴上会出现光强最大值。光强最大值与空心光束的模式数有关。

本章参考文献

[1]　吕百达. 激光光学——光束描述、传输变换与光腔技术物理[M]. 3
　　版. 北京:高等教育出版社,2003.

[2]　Parent A,Morin M,Lavigne P. Propagation of super-Gaussian

field distributions[J]. Optical and quantum electronics，1992，24 (9)：S1071-S1079.

[3]　Gori F. Flattened gaussian beams[J]. Optics Communications，1994，107(5-6)：335-341.

[4]　Tovar A A. Propagation of flat-topped multi-Gaussian laser beams [J]. JOSA A，2001，18(8)：1897-1904.

[5]　Li Y. Light beams with flat-topped profiles[J]. Optics letters，2002，27(12)：1007-1009.

[6]　Wu G，Lou Q，Zhou J，et al. Propagation of flat-topped beams [J]. Optics & Laser Technology，2008，40(3)：494-498.

[7]　Siegman A E. Lasers[M]. Calif.：Mill Valley，1986.

[8]　Bagini V，Borghi R，Gori F，et al. Propagation of axially symmetric flattened Gaussian beams[J]. JOSA A，1996，13(7)：1385-1394.

[9]　Siegman A E. New developments in laser resonators[C]//Optical resonators. International Society for Optics and Photonics，1990，1224：2-14.

[10]　Goodman W. Introduction to Fourier Optics[M]. 2nd Edition. Singapore：McGraw-Hill，1996.

[11]　Wu G，Lou Q，Zhou J，et al. Beam combination of a radial laser array：Flat-topped beam[J]. Optics & Laser Technology，2008，40(7)：890-894.

[12]　Lü B，Ma H. Beam combination of a radial laser array：Hermite-Gaussian model[J]. Optics communications，2000，178(4-6)：395-403.

[13]　Wu G，Lou Q，Zhou J，et al. Focal shift in focused radially polarized ultrashort pulsed laser beams[J]. Applied optics，2007，46(25)：6251-6255.

[14]　Erdogan T，King O，Wicks G W，et al. Circularly symmetric operation of a concentric-circle-grating, surface-emitting,

AlGaAs/GaAs quantum-well semiconductor laser［J］. Applied physics letters，1992，60(16)：1921-1923.

[15] Kozawa Y，Sato S. Generation of a radially polarized laser beam by use of a conical Brewster prism［J］. Optics Letters，2005，30(22)：3063-3065.

[16] Quabis S，Dorn R，Leuchs G. Generation of a radially polarized doughnut mode of high quality［J］. Applied Physics B，2005，81(5)：597-600.

[17] 姚启钧. 光学教程［M］. 6 版. 北京：高等教育出版社，2019.

[18] Machavariani G，Lumer Y，Moshe I，et al. Spatially-variable retardation plate for efficient generation of radially-and azimuthally-polarized beams［J］. Optics Communications，2008，281(4)：732-738.

[19] Tovar A A. Production and propagation of cylindrically polarized Laguerre-Gaussian laser beams［J］. JOSA A，1998，15(10)：2705-2711.

[20] Deng D. Nonparaxial propagation of radially polarized light beams［J］. JOSA B，2006，23(6)：1228-1234.

[21] Pu J，Lü B. Focal shifts in focused nonuniformly polarized beams［J］. JOSA A，2001，18(11)：2760-2766.

[22] Gori F，Santarsiero M，Vicalvi S，et al. Beam coherence-polarization matrix［J］. Pure and Applied Optics：Journal of the European Optical Society Part A，1998，7(5)：941.

[23] Greene P L，Hall D G. Focal shift in vector beams［J］. Optics express，1999，4(10)：411-419.

[24] Cai Y，Lu X，Lin Q. Hollow Gaussian beams and their propagation properties［J］. Optics letters，2003，28(13)：1084-1086.

[25] Liu Z，Zhao H，Liu J，et al. Generation of hollow Gaussian beams by spatial filtering［J］. Optics letters，2007，32(15)：

2076-2078.

[26] Martínez-Herrero R, Mejías P M, Bosch S, et al. Vectorial structure of nonparaxial electromagnetic beams[J]. JOSA A, 2001, 18(7): 1678-1680.

[27] Guo H, Chen J, Zhuang S. Vector plane wave spectrum of an arbitrary polarized electromagnetic wave[J]. Optics Express, 2006, 14(6): 2095-2100.

[28] Zhou G. Analytical vectorial structure of Laguerre-Gaussian beam in the far field[J]. Optics letters, 2006, 31(17): 2616-2618.

[29] Cai Y, He S. Propagation of hollow Gaussian beams through apertured paraxial optical systems[J]. JOSA A, 2006, 23(6): 1410-1418.

[30] Mandel L, Wolf E. Optical coherence and quantum optics[M]. Cambridge:Cambridge university press, 1995.

[31] Zhou G. Analytical vectorial structure of Laguerre-Gaussian beam in the far field[J]. Optics letters, 2006, 31(17): 2616-2618.

[32] Zhou G, Ni Y, Zhang Z. Analytical vectorial structure of non-paraxial nonsymmetrical vector Gaussian beam in the far field[J]. Optics communications, 2007, 272(1): 32-39.

第4章

大气湍流

4.1　大气湍流模型

　　大气随时间和空间在不断运动变化,总是存在湍流运动。湍流理论是在不断发展的学科,同时也是流体动力学的一个重要分支。对大气物理的研究,如果不考虑大气湍流的影响,所有结果都会失去实际意义。大气湍流的形成非常复杂,同时大气湍流的运动是随时间和空间在不断变化的。准确描述和预测每一瞬时、每一空间上湍流场的运动参量是非常困难的,但是大气湍流具有比较规则的统计特性,因此常采用统计理论来研究大气湍流。随着统计理论的不断进步,得到了许多与实验结果相符合的结果,从而逐渐形成了大气湍流的统计理论。

　　早在1883年雷诺就进行了有关湍流的实验。雷诺将玻璃管中的液体染色,以便观察液体的流动。当玻璃管中的液体流速较低时,染色液体形成流线平滑笔直,轮廓清晰的"层流"。随着染色液体的流速加快,流体的运动变得无规律,交叉,变化迅速的扰动,流体的这种不规则,无规律的涡旋运动就是"湍流"。液体从"层流"变成"湍流"存在一个临界雷诺数。当雷诺数小于该临界雷诺数时为层流,大于该临界雷诺数时为湍流。雷诺数是在研究流体动力相似性引入的。雷诺利用相似理论定义了一个无量

纲的量——雷诺系数(即雷诺数),用来描述平流状态[1,2]。雷诺系数的表达式为:

$$R = Vl/v \tag{4.1}$$

其中,V 表示流体的特征速度,单位为 m/s;l 代表流体的尺度,单位为 m;v 代表运动粘度,单位为 m^2/s。当雷诺系数的值大于临界值 $R = 2\,300$ 时,流体的运动速度会逐渐增大,将进入湍流状态。当雷诺系数 $R > 10^5$ 时,被认为是高度湍流。

为了建立大气湍流的统计理论,Kolmogorov 提出了三个假设:第一条假设,虽然流体整体是各向异性的,但是在一个微小区域可以近似看成各向同性。也就是说在雷诺数比较大的情况下,许多从整体上看为非各向同性的湍流场,在具有小尺度涡量级范围的局部流场内具有近似各向同性的特征。第二条假设,在各向同性的微小区间内,流体的运动是由惯性力和摩擦力来决定的。也就是说其统计特性依赖于运动粘度和单位时间内的能量耗散。第三条假设,在雷诺数较大的情形下,存在一个惯性区间。在惯性区间,内摩擦力的影响不重要,运动特性主要由惯性力来决定。Kolmogorov 湍流理论为大气湍流的研究提供了重要依据和方法[1]。Kolmogorov 湍流模型的湍流结构如图 4.1 所示,大的涡旋不断从外界获取能量,大涡旋的惯性力大于其内摩擦力,因此大涡旋分裂成小涡旋,并将能量传递给次级涡旋。最后最小的涡旋被粘性所耗散。根据大气湍流中漩涡的尺寸大小,可以将湍流分为输入区、惯性区以及耗散区。大气湍流的内外尺度分别为 l_0 和 L_0。涡旋尺寸大于湍流外尺度时为输入区,从外界获得能量;涡旋尺寸介于 l_0 和 L_0 为惯性区;涡旋尺寸小于内尺度 l_0 为耗散区,能量将以热量的形式耗散。在湍流漩涡的尺度小于外尺度时,都可以认为湍流是统计均匀并且是各向同性的。在惯性区($l_0 < r < L_0$),大气湍流可以变成局部均匀各向同性。当间距较小时,其风速结构函数可表示为[3]:

$$D_v = C_v^2 r^{2/3} \tag{4.2}$$

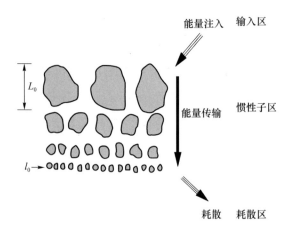

能量注入　输入区

L_0

能量传输　惯性子区

$l_0 \rightarrow$

耗散　耗散区

图 4.1　Kolmogorov 湍流结构图[1]

其中 C_v^2 表示速度结构常数。大气折射率的变化是由温度场和风速场等的结构来决定的。V I Tatarskii 定义了大气折射率结构函数[3]：

$$D_n(r) = C_n^2 r^{\frac{2}{3}} \quad (l_0 \ll r \ll L_0) \tag{4.3}$$

其中 C_n^2 为大气折射率结构常数，是描述大气湍流强弱的一个物理参数，单位为 $\mathrm{m}^{-2/3}$。根据大气折射率结构常数的值，将大气湍流划分为强湍流，中等湍流和弱湍流。当 $C_n^2 \geqslant 10^{-12}\ \mathrm{m}^{-2/3}$ 时为强湍流；$10^{-14}\ \mathrm{m}^{-2/3} < C_n^2 < 10^{-12}\ \mathrm{m}^{-2/3}$ 为中等强度湍流；$10^{-16}\ \mathrm{m}^{-2/3} < C_n^2 \leqslant 10^{-14}\ \mathrm{m}^{-2/3}$ 为弱湍流。折射率结构常数具有一定的时空分布特性。一般情况下，C_n^2 随着位置、海拔高度、气象条件、季节等的不同而不同。一般情况下，采用国际电信联盟无线电通信(ITU-R)模型来描述与高度相关的结构常数模型[4]：

$$C_n^2(h) = 8.148 \times 10^6 V^2 h^{10} \exp\left(-\frac{h}{1\,000}\right) + 2.7 \times 10^{-16}$$

$$\exp\left(-\frac{h}{1\,500}\right) + C_0 \times \exp\left(-\frac{h}{100}\right) \tag{4.4}$$

其中 $V = (v_g^2 + 30.69\,v_g + 348.91)^{1/2}$ 为沿垂直路径的风速，v_g 为地面速度 (本章设 $v_g = 0$)，C_0 为地面标称值(典型值为 $1.7 \times 10^{-14}\ \mathrm{m}^{-2/3}$)，$h$ 为离地面高度，单位为 m。当光束在大气湍流中传输，风速较小时，折射率的随机起伏主要是由温度的微小波动引起的，因此，湿度和压强对折射率的影响可以忽略不计。若只考虑惯性子区，根据公式(4.3)可以推导出折射

率结构函数的功率谱密度函数[1,3]为:

$$\Phi(\kappa) = 0.033 C_n^2 \kappa^{-11/3} \tag{4.5}$$

公式(4.5)就是大家所熟知的 Kolmogorov 功率谱,由于其相对简单的数学形式,而被广泛地应用于大气湍流的理论计算和分析中。但是,该模型也具有局限性,它仅适用于惯性子区。为了应用到较大的波数区,Tatarskii 在功率谱耗散区引入了一个高斯衰减函数[3],即

$$\Phi_n(\kappa) = 0.033 C_n^2 \kappa^{-11/3} e^{-\kappa^2/\kappa_m^2} \tag{4.6}$$

式中:$\kappa_m = 5.92/l_0$。从方程(4.6)可以看出,$\kappa = 0$ 是一个奇异值点。为了避免这种情况,von Karman 对湍流谱的低频部分进行修正得出了 von Karman 谱,即

$$\Phi_n(\kappa) = 0.033 C_n^2 (\kappa^2 + \kappa_0^2)^{-11/6} e^{-\kappa^2/\kappa_m^2} \tag{4.7}$$

式中:$\kappa_0 = 2\pi/L_0$。

虽然 Kolmogorov 湍流理论在解决光在湍流大气中的传输问题已取得巨大的成功,但是进一步实验结果表明:对流层顶部及同温层大气湍流背离了 Kolmogorov 模型。因此,国内外大量研究学者对非均匀各向同性湍流展开了大量研究。美国空军实验室等对 Kolmogorov 谱进行了推广,其广义三维湍流谱可以表示为:

$$\Phi_n(\kappa, z) = A(\infty)\beta(z)\kappa^{-\alpha} \tag{4.8}$$

式中:$\Phi_n(\kappa, z)$ 为湍流的折射率功率谱,它是空间位置 z 及空间波数 κ 的函数;∞ 为谱指数,$3 < \infty < 5$;$\beta(z)$ 为沿传播路径的折射率结构常数,其量纲为 $m^{3-\infty}$;$A(\infty)$ 为保持功率谱与折射率结构常数一致性的函数。

4.2 光束在大气湍流中的传输理论

激光在大气湍流中传输时,由于受到大气湍流的随机扰动,在接受面光场也是随机的,因此一般采用统计的方法来描述。通常采用光场的二阶矩和四阶矩来描述光场。求解光场的二阶矩和四阶矩,通常采用抛物线方程法[5,6];拓展的惠更斯-菲涅尔原理[7,8],费曼路径积分[9,10],Born 近

似[1]和 Rytov 近似法[11]等。Born 近似只适用于弱湍流条件。Andrews[1]等在传统的 Rytov 近似基础上考虑不同尺寸的大气湍流涡旋对光场的影响,将其拓展到了强湍流情形下。该方法得到了与实验数据相吻合的结果,同时很容易拓展到其他光束模型中。因此我们下面重点介绍 Born 近似和 Rytov 近似。

在大气湍流传输时,激光的电场满足下面的波动方程[1,6,12]:

$$\nabla^2 \boldsymbol{E} + k^2 n^2(\boldsymbol{R})\boldsymbol{E} + 2\nabla[\boldsymbol{E} \cdot \nabla \log n(\boldsymbol{R})] = 0 \qquad (4.9)$$

其中,$\boldsymbol{R} = (x, y, z)$ 表示空间内任意一点,$k = 2\pi/\lambda$ 是波数,λ 是光束的波长,$n(\boldsymbol{R})$ 是大气折射率,拉普拉斯运算符$\nabla^2 = \partial^2/\partial x^2 + \partial^2/\partial y^2 + \partial^2/\partial z^2$。方程(4.9)的求解非常复杂。为了简化问题,对光场做以下合理的近似:

(1) 光波的后散射可以忽略不计;

(2) 光波的解偏振效应可忽略不计;

(3) 折射率在光波传输放线上的相关函数为 δ 函数;

(4) 可以使用傍轴光束近似。

在惯性子区内,当光波的波长远小于湍流内尺度时,散射场非常弱,忽略光波后闪射和解偏振效应。从而,方程(4.9)等号左边那一项可以去掉,根据傍轴光束近似原理,方程简化为:

$$\nabla^2 \boldsymbol{E} + k^2 n^2(\boldsymbol{R})\boldsymbol{E} = 0 \qquad (4.10)$$

方程(4.10)可以分解为 3 个坐标分量的标量方程。$U(\boldsymbol{R})$ 代表电场的一个分量,可以得到标量随机 Helmholtz 方程

$$\nabla^2 U + k^2 n^2(\boldsymbol{R})U = 0 \qquad (4.11)$$

根据第 3 个假设,即折射率在传播方向上的相关函数是 delta 函数,则 $n(\boldsymbol{R}) = n_0 + n_1(\boldsymbol{R})$,并且 $n_0 = \langle n(\boldsymbol{R}) \rangle \cong 1$,$\langle n_1(\boldsymbol{R}) \rangle = 0$。根据 Born 近似和 Rytov 近似两个微扰理论就可以得到 Helmholtz 方程的解。

4.2.1　Born 近似理论

假设激光束是沿着 z 轴的正方向向前传输,用 Born 近似来解决随机波动方程,在传输距离 L 处,即 $z = L$ 处激光束电场可以写成和的形式[1]:

$$U(\boldsymbol{R}) = U_0(\boldsymbol{R}) + U_1(\boldsymbol{R}) + U_2(\boldsymbol{R}) + \cdots \tag{4.12}$$

其中,$U_0(\boldsymbol{R})$表示没有湍流情形下,在自由空间传输时的光波场。其他项分别表示由大气湍流引起的一阶场扰动,二阶场扰动等。为了便于求解方程(4.11),折射率的平方项改写为:

$$n^2(\boldsymbol{R}) = [1 + n_1(\boldsymbol{R})]^2 \cong 1 + 2n_1(\boldsymbol{R}), \quad |n_1(\boldsymbol{R})| \ll 1 \tag{4.13}$$

在上面我们已经假定了 $n_0 = \langle n(\boldsymbol{R}) \rangle \cong 1$,$\langle n_1(\boldsymbol{R}) \rangle = 0$,因此,和 $n_1(\boldsymbol{R})$ 相比较 $n_1^2(\boldsymbol{R})$ 可以忽略忽略不计。在弱扰动条件下,把方程(4.12)和方程(4.13)代入方程(4.11),可以推导出:

$$\nabla^2 U_0 + k^2 U_0 = 0 \tag{4.14}$$

$$\nabla^2 U_1 + k^2 U_1 = -2k^2 n_1(\boldsymbol{R}) U_0(\boldsymbol{R}) \tag{4.15}$$

$$\nabla^2 U_2 + k^2 U_2 = -2k^2 n_1(\boldsymbol{R}) U_1(\boldsymbol{R}) \tag{4.16}$$

这种扰动方法最大的优势就是将依赖于空间相关性的系数随机齐次方程,转化为了具有常系数的非齐次方程组。利用格林函数和傍轴近似,可以得到光场的第 m 阶扰动项,可表示为:

$$U(\boldsymbol{r}, L) = \frac{k^2}{2\pi} \int_0^L \mathrm{d}z \iint_{-\infty}^{\infty} \mathrm{d}^2 s \exp\left[\mathrm{i}k(L-z) + \frac{\mathrm{i}k|\boldsymbol{s}-\boldsymbol{r}|^2}{2(L-z)}\right] U_{m-1}(\boldsymbol{s}, z) \frac{n_1(\boldsymbol{s}, z)}{L-z}$$

$$m = 1, 2, 3 \cdots \tag{4.17}$$

其中,$\boldsymbol{s} = (s_x, s_y)$表述发射平面坐标,$\boldsymbol{r} = (r_x, r_y)$表示接收平面上点坐标,$L$ 为收发两端之间的距离。根据公式(4.17),可以得到光波场的一阶扰动,二阶扰动,依次可以类推出更高阶的扰动项。但是 Born 近似理论和实验结果差距较大,尤其是束传输距离极小的情况下,Born 近似是无效的。

4.2.2 Rytov 近似理论

Rytov 近似理论是方程(4.11)的另一种方法,Andrews[1]将其拓展到强湍流情形下,从而 Rytov 近似理论不仅适用于弱湍流,同时也适用于强湍流。根据 Rytov 理论,将光波长写成相乘的形式:

$$U(\boldsymbol{R}) \equiv U(\boldsymbol{r}, L) = U_0(\boldsymbol{r}, L) \exp[\psi(\boldsymbol{r}, L)] \tag{4.18}$$

其中，$\psi(\mathbf{r},L)=\psi_1(\mathbf{r},L)+\psi_2(\mathbf{r},L)+\cdots$ 表示湍流引起的复相位扰动，ψ_1 和 ψ_2 分别表示湍流的一阶和二阶复相位扰动项。归一化的各阶 Born 扰动项为[1]：

$$\Phi_m(\mathbf{r},L)=\frac{U_m(\mathbf{r},L)}{U_0(\mathbf{r},L)},\quad m=1,2,3\cdots \tag{4.19}$$

通过整理后可以求得各阶 Rytov 扰动项，进一步得到光波场的二阶统计矩：

$$E_1(\mathbf{r},\mathbf{r})\equiv\langle\Phi_2(\mathbf{r},L)\rangle=\langle\psi_2(\mathbf{r},L)+\frac{1}{2}\langle\psi_1^2(\mathbf{r},L)\rangle\rangle \tag{4.20}$$

$$E_2(\mathbf{r}_1,\mathbf{r}_2)\equiv\langle\Phi_1(\mathbf{r}_1,L)\Phi_1^*(\mathbf{r}_2,L)\rangle=\langle\psi_1(\mathbf{r}_1,L)\psi_1^*(\mathbf{r}_2,L)\rangle \tag{4.21}$$

$$E_3(\mathbf{r}_1,\mathbf{r}_2)\equiv\langle\Phi_1(\mathbf{r}_1,L)\Phi_1(\mathbf{r}_2,L)\rangle=\langle\psi_1(\mathbf{r}_1,L)\psi_1(\mathbf{r}_2,L)\rangle \tag{4.22}$$

其中，$\mathbf{r}_1$ 和 $\mathbf{r}_2$ 为接收平面上两个不同的观测点，* 表示复共轭。从这些统计矩的线性出发，可以得到激光束在大气湍流中传输时光束半径、光强闪烁、光束漂移、相位抖动、光束的相干性等指标的表达式。光场的对数振幅和湍流大气引起的复相位扰动关系为：

$$\chi(\mathbf{r},L)=\frac{\psi(\mathbf{r},L)+\psi^*(\mathbf{r},L)}{2} \tag{4.23}$$

其中 $\psi(\mathbf{r},L)=\psi_1(\mathbf{r},L)+\psi_2(\mathbf{r},L)$ 包含了一阶、二阶相位扰动。对数振幅方差为：

$$\sigma_\chi^2(\mathbf{r},L)=\langle\chi_1^2(\mathbf{r},L)\rangle-\langle\chi_1(\mathbf{r},L)\rangle=\mathrm{Re}[E_2(\mathbf{r},\mathbf{r})+E_3(\mathbf{r},\mathbf{r})]/2 \tag{4.24}$$

根据广义的惠更斯-菲涅尔积分原理可得：

$$u_s^{FS}(\mathbf{r},L)=\frac{k}{2\pi iL}\exp(ikL)\int_{-\infty}^{\infty}\mathrm{d}s_x\int_{-\infty}^{\infty}\mathrm{d}s_y u_s(s_x,s_y,L=0)$$
$$\exp\left\{\frac{ik}{2L}[(s_x-r_x)^2+(s_y-r_y)^2]\right\} \tag{4.25}$$

其中，$u_s(\mathbf{r},L=0)$ 为发射平面场强的分布，$s=(s_x,s_y)$ 为发射平面上点的坐标，$u_s^{FS}(\mathbf{r},L)$ 为没有湍流自由空间传输时接收平面场强的分布。$p=(p_x,p_y)$ 为接收平面上点的坐标，L 为光波的传输距离。由 Rytov 方法可以得出 $u(\mathbf{r},L)=u_s^{FS}(\mathbf{r},L)\exp[\psi(\mathbf{r},L)]$，其中 $\psi(\mathbf{r},L)=\chi(\mathbf{r},L)+$

$iS(\boldsymbol{r},L)$ 为由湍流所引起的一阶复相位扰动, $\chi(\boldsymbol{r},L)$ 和 $S(\boldsymbol{r},L)$ 分别为对数振幅和相位扰动项。一阶复相位扰动和对数振幅分别为:

$$\psi(\boldsymbol{r},L) = \frac{k^2}{2\pi u_s^{FS}(\boldsymbol{r},L)} \int_{V'} d^3 m_1(\boldsymbol{r}') u_s^{FS}(\boldsymbol{r}') \frac{\exp(ik|\boldsymbol{r}-\boldsymbol{r}'|)}{|\boldsymbol{r}-\boldsymbol{r}'|} \quad (4.26)$$

接收平面(即 $z=L$)的对数振幅扰动的互相关函数可表示为:

$$B_\chi(\boldsymbol{r}_1,\boldsymbol{r}_2,L) = \langle \chi(\boldsymbol{r}_1,L)\chi(\boldsymbol{r}_2,L) \rangle \quad (4.27)$$

研究激光在大气湍流中的传输特性,首先要对大气湍流进行建模。大气湍流信道的建模不仅是无线光通信的需要,同时也是遥感遥测、激光测距等激光实际应用理论需要解决的重要问题。大气湍流模型为后续章节研究大气湍流引起的光束展宽、光束漂移等湍流效应提供了理论基础。对实际大气湍流观测数据的长期积累,并进行统计分析和处理,从而对现有理论模型进行修正,是解决激光工程实际应用需要的一个重要且不可或缺的途径。

4.3 大气湍流对光束传输的影响及数值仿真

由于温度梯度等因素引起的大气折射率随机起伏,当激光束在大气湍流中传输时,激光束的波前和强度在空间和时间上随机分布,从而导致激光束相位、到达角以及强度的起伏,这些起伏引起成像质量的变差,通信系统的系统性能降低。如何减少或者部分抑制大气湍流的影响,对遥感遥测、星地激光通信等领域非常重要。

4.3.1 相位起伏,强度起伏和到达角起伏

1. 相位起伏

激光束在大气湍流这种随机介质中传输时,相位受大气影响最为严重。假设一平面波入射到大气湍流中,在垂直于传播方向的界面上任意

两点的距离是 r，大气湍流的不均匀尺度为 l。对于大气湍流而言，l 可以理解为大气波包的物理尺度。大气湍流引起的相位起伏与 r 和 l 的相对大小有关。

(1) $l \ll r$，这种情形下，这种小尺度的不均匀性对两点的相位差的影响不是很大。可以唯象的解释：因为该尺度的大气波包不会同时与两个平面相交，因而对该两个平面上的相关性不会有明显的贡献。另外，在长距离传输时，两条光线所经历的这种小尺度不均匀在统计数量上差不多，因此差异不会很大。

(2) $l \approx r$，这种情形下，两点间的距离和大气湍流的不均匀尺度是一个量级，这种情形下不均匀尺度对相位的影响是最大的。等相位面上的两点发出的两条光线经历的不均匀区域数量的差异有明显的影响。

(3) $l \gg r$，这种情形下，这种大尺度的不均匀对等相位面上的两点间相位差的影响不是很大。因为大气波包远大于两点间的距离，可以认为两条光线经历了大致相同的相位改变，因此相差不大。

因此，在分析大气湍流对相位的影响时，主要考虑第二种情形，也就是当大气湍流不均匀尺度和两点距离一个量级的情形。这种情形下，大气湍流的不均匀性一起的相位差为：$dS = \kappa r(n - n')$，其中 n 和 n' 分别为两点的折射率。相位差的均值为零，方差 $\langle dS^2 \rangle = k^2 r^2 \langle (n - n')^2 \rangle = k^2 r^2 D_n(r)$。其中 $D_n(\rho)$ 为相位结构函数。相位结构函数的表达式为[1,2]：

$$D_s(r, L) = 4\pi^2 k^2 L \int_0^\infty \kappa \mathrm{d}\kappa [1 - J_0(\kappa\rho)] f(\kappa)_s \Phi_n(\kappa) \qquad (4.28)$$

其中

$$f(\kappa) = 1 + \frac{k}{\kappa^2 L} \sin \frac{\kappa^2 L}{k} \qquad (4.29)$$

为波谱滤波函数，对 $\Phi_n(\kappa)$ 起一个加权的作用。当 $\sqrt{\lambda L} \ll l_0$ 时，结构函数可表示为：

$$D_s(r, L) = 4\pi \times 0.21 k^2 C_n^2 L \int_0^{K_0} [1 - J_0(\kappa r)] \kappa^{-8/3} \mathrm{d}\kappa \qquad (4.30)$$

其中 $K^0 = \dfrac{5.48}{l_0}$。

当 $r \ll K_0^{-1}$ 时，

$$1 - J_0(\kappa r) \approx -K^2 \rho^2 / 4 \qquad (4.31)$$

因此结构函数可表示为：

$$D_s(r, L) = 3.44 k^2 L C_n^2 \rho^2 l_0^{-1/3}, \quad r \ll K_0^{-1} \qquad (4.32)$$

当 $r \gg K_0^{-1}$ 时，

$$D_s(r, L) = 4\pi \times 0.21 k^2 C_n^2 L \int_0^\infty [1 - J_0(\kappa\rho)] \kappa^{-8/3} \mathrm{d}\kappa \qquad (4.33)$$

利用公式

$$\int_0^\infty J_0(ax) x^{q+1} \mathrm{d}x = \frac{2^{q+1} \Gamma(q/2+1)}{a^{q+1} \Gamma(1-q/2)} \qquad (4.34)$$

和

$$\int_0^\infty [1 - J_0(x)] x^{-p} \mathrm{d}x = \pi \left| 2^p \left[\Gamma\left(\frac{p+1}{2}\right) \right] \sin\frac{\pi(p-1)}{2} \right|^{-1}, \quad 1 < p < 3 \qquad (4.35)$$

因此，

$$D_s(r, L) = 2.91 k^2 L C_n^2 r^{5/3}, \quad r \gg K_0^{-1} \qquad (4.36)$$

2. 强度起伏

激光束在大气湍流这种随机介质中传输时，如果激光束的光斑尺寸远大于大气波包，即涡旋的尺寸时，在垂直于传输方向的横截面上包含了多个不同尺寸的大气波包，这些大气波包会对经过的激光场产生独立的影响，从而导致激光光斑破裂。大气湍流是随着时间和空间在不断变化，因此在探测器上接收到的光强大小忽大忽小，即强度起伏，也称为闪烁。大气湍流引起的强度起伏会提高通信系统的误码率，从而降低通信系统的系统性能。强度起伏来源于大气折射率的变化，而大气折射率的变化与温度梯度有关。因此大气湍流引起的强度起伏有明显的规律性：白天光强起伏较大，夜晚强度起伏较小；水面光强起伏较小，地面光强起伏较大。如何减小或者部分抑制大气湍流引起的强度起伏一直是激光通信和天文观测等领域关注的课题。

激光场在大气湍流中传输时，大气湍流引起的强度起伏定义为[1]：

$$\delta_I^2(r,L) = \frac{\langle I^2(r,L) \rangle}{\langle I(r,L) \rangle^2} - 1 \tag{4.37}$$

其中

$$\langle I^2(r,L) \rangle = \Gamma_4(r,r,r,r,L)$$

$$= \langle I(r,L) \rangle^2 \exp\{2\mathrm{Re}[E_2(r,r) * E_3(r,r)]\} \tag{4.38}$$

$$\Gamma_4(r_1,r_2,r_3,r_4,L) = U_0(r_1,L)U_0^*(r_2,L)U_0(r_3,L)U_0^*(r_4,L) \times$$

$$\langle \exp[\Psi(r_1,L) + \Psi^*(r_2,L) + \Psi(r_3,L) + \Psi^*(r_4,L)] \rangle$$

$$= \Gamma_2(r_1,r_2,L)\Gamma_2(r_3,r_4,L)\exp[E_2(r_1,r_4) +$$

$$E_2(r_3,r_2) + E_2(r_1,r_3) + E_2(r_2,r_4)] \tag{4.39}$$

$\Gamma_2(r_1,r_2,L)$ 为互相干函数,其定义式为:

$$\Gamma_2(r_1,r_2,L) = U_0(r_1,L)U_0^*(r_2,L)\langle \exp[\Psi(r_1,L) + \Psi^*(r_2,L)] \rangle \{\ \}$$

$$= \Gamma_2^0(r_1,r_2,L)\exp[2E_1(0,0) + E_2(r_1,r_2)] \tag{4.40}$$

其中 $\Gamma_2^0(r_1,r_2,L)$ 为自由空间中的互相干函数,可表示为:

$$\Gamma_2^0(r_1,r_2,L) = U_0(r_1,L)U_0^*(r_2,L)$$

$$= \frac{W_0^2}{W^2}\exp\left(-\frac{2r^2}{W^2} - \frac{r^2}{2W^2} - \mathrm{i}\frac{k}{F}\boldsymbol{p} \cdot \boldsymbol{r}\right) \tag{4.41}$$

$$E_1(0,0) = 2\pi^2 k^2 L \int_0^\infty \kappa \Phi_n(\kappa)\mathrm{d}\kappa \tag{4.42}$$

$$E_2(r_1,r_2) = 4\pi^2 k^2 L \int_0^1 \int_0^\infty \kappa \Phi_n(\kappa) J_0[\kappa|1 - \overline{\Theta}\xi|\boldsymbol{p} - 2\mathrm{i}\Lambda\xi\boldsymbol{r}] \times$$

$$\exp\left(-\frac{\Lambda L \kappa^2 \xi^2}{k}\right)\mathrm{d}\kappa\mathrm{d}\xi \tag{4.43}$$

$$E_3(r_1,r_2) = -4\pi^2 k^2 L \int_0^1 \int_0^\infty \kappa \Phi_n(\kappa) J_0[\kappa|1 - \overline{\Theta}\xi - \mathrm{i}\Lambda\xi|\kappa r] \times$$

$$\exp\left(-\frac{\Lambda L \kappa^2 \xi^2}{k}\right)\exp\left[-\frac{\mathrm{i}L\kappa^2}{k}\xi(1 - \overline{\Theta}\xi)\right]\mathrm{d}\kappa\mathrm{d}\xi \tag{4.44}$$

对于高斯光束在各向同性大气湍流中,弱起伏情形下的闪烁因子可表示为[1]:

$$\delta_I^2(r,L) = 8\pi^2 k^2 L \int_0^1 \int_0^\infty \kappa \Phi_n(\kappa)\exp\left(-\frac{\Lambda L \kappa^2 \xi^2}{k}\right) \times$$

$$\left\{I_0(2\Lambda r\kappa\xi) - \cos\left[\frac{L\kappa^2}{k}\xi(1 - \overline{\Theta}\xi)\right]\right\}\mathrm{d}\kappa\mathrm{d}\xi \tag{4.45}$$

方程(4.44)又可表示为:

$$\delta_I^2(r,L) = 4\delta_r^2(r,L) + \delta_{I,l}^2(L) \tag{4.46}$$

其中

$$\delta_r^2(r,L) = \frac{1}{2}\left[E_2(r,r) - E_2(0,0)\right]$$

$$= 2\pi^2 k^2 L \int_0^1 \int_0^\infty \kappa\Phi_n(\kappa) \exp\left(-\frac{\Lambda L \kappa^2 \xi^2}{k}\right)\{I_0(2\Lambda r\kappa\xi) - 1\}\mathrm{d}\kappa\mathrm{d}\xi \tag{4.47}$$

$$\delta_{I,l}^2(L) = 2\mathrm{Re}\left[E_2(0,0) + E_3(0,0)\right]$$

$$= 8\pi^2 k^2 L \int_0^1 \int_0^\infty \kappa\Phi_n(\kappa) \exp\left(-\frac{\Lambda L \kappa^2 \xi^2}{k}\right)\times$$

$$\left\{1 - \cos\left[\frac{L\kappa^2}{k}\xi(1-\overline{\Theta}\xi)\right]\right\}\mathrm{d}\kappa\mathrm{d}\xi \tag{4.48}$$

选取 Kolmogorov 模型方程(4.5)为大气湍流模型,则

$$\delta_r^2(r,L) = 0.663\sigma_I^2\Lambda^{5/6}\left[1 - {}_1F_1(-5/6;1;2r^2/W^2)\right] \tag{4.49}$$

其中 ${}_1F_1$ 为超几何函数。

$$\delta_{I,l}^2(L) = 3.86\sigma_I^2\mathrm{Re}\left[i^{5/6}{}_2F_1\left(-\frac{5}{6},\frac{11}{6};\frac{17}{6};\overline{\Theta}+i\Lambda\right) - \frac{11}{6}\Lambda^{5/6}\right] \tag{4.50}$$

式中 σ_I^2 为平面波的 Rytov 方差,可表示为:

$$\sigma_I^2 = 1.23 C_n^2 k^{7/6} L^{11/6} \tag{4.51}$$

因此,高斯光束在 Kolmogorov 湍流中传输时的强度起伏可表示为:

$$\delta_I^2(r,L) = 4.42\sigma_I^2\Lambda^{5/6}\frac{r^2}{W^2} + 3.86\sigma_I^2\{0.40\left[(1+2\overline{\Theta})^2 + 4\Lambda^2\right]^{5/12}\times$$

$$\cos\left[\frac{5}{6}\tan^{-1}\left(\frac{1+2\overline{\Theta}}{2\Lambda}\right)\right] - \frac{11}{16}\Lambda^{5/6}\} \tag{4.52}$$

3. 到达角起伏

激光场在大气湍流中传输时,由于激光场横截面上包含了不同尺寸的大气波包,激光场的不同部位具有不同的相位变化,这些变化会导致激光场的相位面随机起伏,从而使得波前到达角发生变化,这种变化称之为到达角起伏。在大气湍流中传输时,激光场波阵面上的每一点相对于接收平面会发生随机倾斜,尤其是光斑尺寸和大气湍流尺寸相当时,现象最为明显。湍流引起的到达角起伏会给接收端接收光场困难。

在大气湍流中,激光场的到达角起伏定义为:

$$\sigma_\beta^2 = \frac{D_s(D,L)}{(kD)^2} \tag{4.53}$$

其中 D 为接收孔径的直径。

在 Kolmogorov 湍流中,平面波的到达角起伏可表示为:

$$\sigma_\beta^2 = 2.914 C_n^2 L D^{-1/3}, \qquad \sqrt{L/k} \ll D \tag{4.54}$$

在 Kolmogorov 湍流中,球面波的到达角起伏可表示为:

$$\sigma_\beta^2 = 1.093 C_n^2 L D^{-1/3}, \qquad \sqrt{L/k} \ll D \tag{4.55}$$

在 Kolmogorov 湍流中,高斯光束的到达角起伏可表示为:

$$\sigma_\beta^2 = 1.093 C_n^2 L D^{-1/3} \left[a + 0.618 \Lambda^{11/6} \left(\frac{kD^2}{L} \right) \right], \qquad \sqrt{L/k} \ll D \tag{4.56}$$

4.3.2　湍流介质中激光传输的数值仿真

激光在大气湍流中的传输是一个非常复杂而困难的问题,通常没有精确的理论公式来描述,都需要做各种假设。相比于实验,数值仿真显得更为灵活方便。通常把传播路径上的湍流介质用一系列相位屏来等效,通过数值模拟的方法求解传播方程或场的统计矩方程。

1. 抛物线方程

光在随机介质中传输时满足 Maxwell 方程:

$$\nabla^2 \boldsymbol{E} + k^2 n^2 \boldsymbol{E} + 2 \nabla(\boldsymbol{E} \cdot \nabla \log n) = 0 \tag{4.57}$$

其中 n 为大气湍流的折射率,$k = 2\pi/\lambda$ 是光场的波数,$\nabla^2 = \partial^2/\partial x^2 + \partial^2/\partial y^2 + \partial^2/\partial z^2$ 为拉普拉斯算符。方程已经假设大气湍流随时间变化很慢,也就是忽略了大气湍流折射率随时间的变化。为了求解方程(4.57),通常对光场做以下合理近似,使问题简化,即:光波的后向散射可以忽略不计;光波的解偏振效应可忽略;折射率在传播方向上的相关函数为 δ 函数;可以用傍轴光束近似。基于以上近似,方程(4.57)可以写为:

$$\nabla^2 \boldsymbol{E} + k^2 n^2 \boldsymbol{E} = 0 \tag{4.58}$$

此时,方程(4.58)可以分解成 3 个标量方程。假设 $U(r)$ 表示光场的一个横向分量,则由方程(4.58)可以得到标量的 Helmholtz 方程:

$$\nabla^2 U + k^2 n^2 U = 0 \qquad (4.59)$$

大气折射率可表示为:

$$n(r) = n_0 + n_1(r) \qquad (4.60)$$

其中 $n_0 = \langle n(r) \rangle \approx 1$,$\langle n_1(r) \rangle \approx 0$。在傍轴近似下,方程(4.59)可写为:

$$\frac{\partial^2 U}{\partial z^2} + \frac{\partial^2 U}{\partial x^2} + \frac{\partial^2 U}{\partial y^2} + 2ik\frac{\partial U}{\partial z} + k^2(n^2 - 1)U = 0 \qquad (4.61)$$

方程(4.61)又可表示为:

$$\left(\frac{\partial}{\partial z} + ik + ikQ\right)\left(\frac{\partial}{\partial z} + ik - ikQ\right)U + ik\left[Q, \frac{\partial}{\partial z}\right]U = 0 \qquad (4.62)$$

其中 $Q = \sqrt{1 + k^{-2}\left(\frac{\partial^2}{\partial^2 x} + \frac{\partial^2}{\partial^2 y}\right) + (n^2 - 1)}$。后向散射可以忽略不计,只考虑前向散射时,上式可表示为:

$$\frac{\partial U}{\partial z} = ik(Q - 1)U \qquad (4.63)$$

如果 $n \approx 1$,则上式可进一步表示为:

$$\frac{\partial U}{\partial z} = \frac{i}{2k}\left(\frac{\partial^2}{\partial^2 x} + \frac{\partial^2}{\partial^2 y}\right)U + ikn_1 U \qquad (4.64)$$

方程(4.64)就是随机介质中光传输数值仿真的理论方程。

2. 相位屏仿真

光在自由空间传输,方程(4.64)中与折射率相关的项为零,则空间位置 (x, y, z) 的光场可表示为:

$$U(x, y, z) = \frac{U(x', y', z')}{z - z'}\exp\left[-ik\frac{(x - x')^2 + (y - y')^2}{2|z - z'|}\right] \qquad (4.65)$$

如果不考虑真空中传输,只考虑大气折射率起伏的作用,则方程(4.64)中只需保留与折射率相关的项,因此:

$$U(x, y, z) = U(x, y, z')\exp\left[ik\int_{z'}^{z} n_1(x, y, \zeta)d\zeta\right] = U(x, y, z')e^{iS} \qquad (4.66)$$

如果介质折射率起伏导致的相位变化足够小,我们可以把真空传输和介质起伏导致的相位变化看成是相互独立并且同时完成的两个过程。这样可以将随机介质分成一系列厚度为 Δz 的平行板。从第 i 个平行板的后表面传到 $i+1$ 平行板的前表面,其光场传输依据方程(4.65);而从第 $i+1$ 平行板的前表面传到 $i+1$ 平行板的后表面依据方程(4.66);依次进行下去。这样就可以用多层相位屏来仿真模拟大气湍流随机介质中的传输。从第 i 个相位屏传输到第 $i+1$ 个相位屏光场可表示为:

$$U_{i+1}(r,z_{i+1}) \approx \exp\left[\frac{i}{2k}\int_{z_i}^{z_{i+1}} \nabla_\perp^2 dz\right]\exp[iS(r,z)]U(r,z_i) \quad (4.67)$$

很难解析得到方程(4.67)的解,常常使用数值仿真的方法来模拟激光在大气湍流中的传输。常用的数值方法有功率谱反演法,Zernike 多项式法[14],FFT 反演法[15,16]等。

功率谱反演法是最常用的构造相位屏的方法之一。主要流程是相对实验所需的功率谱进行采样,然后对采集到的功率谱进行傅里叶变化,接着对傅里叶变换矩阵进行滤波,同时加入相位畸变,最后进行傅里叶反变换,从而得到相位屏矩阵。

功率谱反演法中的二维随机相位可表示为:

$$\varphi(x,y) = \sum_{n=N+1}^{N}\sum_{m=N+1}^{N} \varphi(f_{xn},f_{ym})H(f_{xn},f_{ym})e^{i2\pi}(xf_{xn}+yf_{ym})$$

$$(4.68)$$

其中 $\varphi(x,y)$ 是功率谱密度函数。功率谱密度函数与波长之间的关系可表示为:

$$\varphi(K) = 0.023r_0^{-5/3}K^{-11/3}, \quad 2\pi/L_0 < K < 2\pi/l_0 \quad (4.69)$$

其中 l_0 和 L_0 分别是大气湍流的内外尺度。

使用功率谱反演法产生的相位屏比较简单,容易操作,但是由于傅里叶变换具有周期性,因此得到的相位屏也有周期性,这与时间大气湍流不一样。实际大气湍流是一个没有周期性的随机过程。另外,功率谱反演法一般会出现采样点数不足,导致低频成分严重不足。往往需要通过其他补偿算法来优化,例如使用非均匀采样和叠加低频成分丰富的相位屏方法,来解决低频不足的问题,同时增加了计算量。

Zernike 多项式也是仿真大气湍流的常用方法之一[14]。Zernike 多项式可表示为：

$$S(r,\theta) = \sum_{i=1}^{\infty} a_{i-1} Z_i(r,\theta) \tag{4.70}$$

其中 a_{i-1} 表示前一项的系数，Zernike 多项式中的每一项都代表一中相位变换。采用 Zernike 多项式来模拟大气湍流时，相位函数可表示为：

$$S(r,\theta) = \sum_{p=0}^{\infty} \sum_{q=0}^{\infty} a_{pq} Z_{pq}(r,\theta) \tag{4.71}$$

其中 a_{pq} 是和 pq 以及前一项相关的加权系数，$Z_{pq}(r,\theta)$ 是第 p 项的 Zernike 多项式。

Zernike 多项式仿真模拟相位屏时信息冗余量较小，在仿真模拟不同大气湍流强度的大气湍流时，可以选择不同的阶数。使用低阶 Zernike 多项式仿真模拟大气湍流时，低频成分十分突出，但是高频成分不足。随着阶数的增加，虽然高频成分会逐渐丰富，但是计算量也随之增大。

快速傅里叶变换反演法的基本思路是对大气湍流的功率谱进行滤波[15,16]，然后进行反傅里叶变换得到大气扰动的相位屏。快速傅里叶变换反演法仿真模拟大气湍流简洁、方便，但是低频成分得不到充分的体现，也需要其他算法来补偿。基本思路如下：

假设单位方差复值高斯随机过程，其均值为零，

$$\langle a(\boldsymbol{k})a^*(\boldsymbol{k}')\rangle = \delta(\boldsymbol{k}-\boldsymbol{k}') \tag{4.72}$$

其中 $a(-\boldsymbol{k})=a^*(\boldsymbol{k})$，$\delta$ 是 Dirac 函数。利用滤波函数 $G(\boldsymbol{k})$ 来得到满足统计规律的相位屏 $\phi(\boldsymbol{r})$：

$$\phi(\boldsymbol{r}) = \int_{-\infty}^{\infty} a(\boldsymbol{k})G(\boldsymbol{k})\mathrm{e}^{\mathrm{i}\boldsymbol{k}\cdot\boldsymbol{r}}\mathrm{d}\boldsymbol{k} \tag{4.73}$$

因此，$\phi(\boldsymbol{r})$ 的自相关函数可表示：

$$\langle \phi(\boldsymbol{r})\phi^*(\boldsymbol{r}-\boldsymbol{r}')\rangle = \iint \langle a(\boldsymbol{k})a^*(\boldsymbol{k})\rangle G(\boldsymbol{k})G^*(\boldsymbol{k})\mathrm{e}^{\mathrm{i}\boldsymbol{k}\cdot\boldsymbol{r}}\mathrm{e}^{\mathrm{i}\boldsymbol{k}\cdot(\boldsymbol{r}-\boldsymbol{r}')}\mathrm{d}^2\boldsymbol{k}\mathrm{d}^2\boldsymbol{k}' \tag{4.74}$$

利用方程（4.72）可得：

$$\langle \phi(\boldsymbol{r})\phi^*(\boldsymbol{r}-\boldsymbol{r}')\rangle = \int_{-\infty}^{\infty} |G(\boldsymbol{k})|^2 \mathrm{e}^{\mathrm{i}\boldsymbol{k}\cdot\boldsymbol{r}}\mathrm{d}^2\boldsymbol{k} \tag{4.75}$$

$\langle \phi(\boldsymbol{r})\phi^*(\boldsymbol{r}-\boldsymbol{r}')\rangle$ 符合大气湍流统计规律,可得:

$$\langle \phi(\boldsymbol{r})\phi^*(\boldsymbol{r}-\boldsymbol{r}')\rangle = \int_{-\infty}^{\infty} \Phi_n(\boldsymbol{k},z)\mathrm{e}^{\mathrm{i}\boldsymbol{k}\cdot\boldsymbol{r}}\mathrm{d}^2\boldsymbol{k} \qquad (4.76)$$

其中 $\Phi_n(\boldsymbol{k},z)$ 是大气折射率引起的相位畸变的功率谱密度函数。由方程 (4.75) 和 (4.76) 可以产生一个相位屏 $\phi(\boldsymbol{r})$:

$$\phi(\boldsymbol{r}) = C\int_{-\infty}^{\infty} a(\boldsymbol{k}_r)\sqrt{\Phi_n(\boldsymbol{k},z)}\mathrm{e}^{\mathrm{i}\boldsymbol{k}\cdot\boldsymbol{r}}\mathrm{d}^2\boldsymbol{k} \qquad (4.77)$$

方程 (4.77) 是连续空间的变换形式,在数值仿真模拟中需要产生离散的随机场,需要采用离散的傅里叶变换。

本章参考文献

[1] Andrews L C, Phillips R L. Laser Beam Propagation Through Random Media[M]. Washington:SPIE Press, 2005.

[2] 吴健,杨春平,刘建斌. 大气中的光传输理论. 北京:北京邮电大学出版社,2006.

[3] Tatarskii V I. 湍流大气中波的传输理论. 温景嵩,宋宗泳,等译. 北京:科学出版社,1978.

[4] ITU-R Document 3J/31-E 2001 On propagation data and prediction methods required for the design of space-toearth and earth-to-space optical communication systems Radio-Communication Study Group Mtg (Budapest).

[5] Prokhorov A M, Bunkin F V, Gochelashvily K S, et al. Laser irradiance propagation in turbulent media, Proc. IEEE, 1975, 63 (5):790-795.

[6] Ishimaru A. Wave propagation and scattering in Random media Piscataway, NJ. IEEE Press, 1997.

[7] Feizulin Z I, Kravtsov Yu A. Expansion of a laser beam in a turbulent medium, Izv. Vyssh, Uchebn. Zaved, Radiofiz, 1967,

24:1351-1355.

[8] Lutomirski R F,Yura H T. Propagation of a finite optical beam in aninhomogeneous medium, Appl, Opt. 1971, 10:1652-1658.

[9] Dashen R. Path integrals for waves in random media, J. Math. Phys. , 1979, 20:894-920.

[10] Tatarskii V I, Zavorotnyi V U. Strong fluctuations in light propagation in a randomly inhomogeneous medium, in Progress in Optics III, E. Wolf, ed. Elsevier, New York, 1980.

[11] Rytov S M. Diffraction of light by ultronic waves, Izvestiya Akademii Nauk SSSR, Seriya, Fizicheskaya (Bulletin of the Academy of Sciences of the USSR, Physical Series), 1937, 2:223-259.

[12] Chernov L A. Wave propagation in a Random Medium. trans. By R. A. Silverman. McGraw-Hill, New York, 1960.

[13] Belmonte A. Feasibility study for the simulation of beam propagation: consideration of coherent lidar performance, Appl. Opt, 2000, 39, 5426-5444.

[14] Roddier N. Atmospheric wave-front simulation using Zernike polynomial, Opt. Eng, 1990, 29, 1174-1180.

[15] Frehlich R. Simulation of laser propagation in a turbulent atmosphere, Appl. Opt, 2000, 39, 393-397.

[16] Knepp D L. Multiple phase screen calculation of the temporal behavior of stochastic waves, Proc. IEEE 71, 1983, 722-737.

[17] Strohbeln J M, Laser Beam propagation in the atmosphere, Berlin: Springer-Verlag, 1978.

第5章

大气湍流效应

大气湍流是一个与时间和空间相关的随机过程。当激光在大气湍流中传输时，由于激光与大气湍流相互作用，会导致激光振幅和相位发生随机起伏，从而引起激光光束展开，光束漂移和光强起伏等效应。

5.1　激光的方向性

激光束在大气中传输，由于受到大气湍流的影响，激光场受到传输路径上大气折射率起伏的影响，激光的远场发散角会受到大气湍流的影响。如何有效抑制大气湍流对激光方向性的影响，对远距离激光通信，激光测距和遥感遥测等都有非常重要的意义。本小节将研究矢量高斯-谢尔模型光束在大气湍流中的传输特性，初步探讨激光束相干性和偏振对其远场发散角的影响[1]。

假设一束矢量高斯-谢尔模型光束从 $z=0$ 向半空间传播，穿过大气湍流。光束的相干特性可以通过 2×2（电场）交叉谱密度矩阵来表征[2,3]：

$$\underline{w}^{(0)}(x'_1,x'_2,\omega)=\begin{bmatrix}W_{xx}^{(0)}(x'_1,x'_2,\omega) & W_{xy}^{(0)}(x'_1,x'_2,\omega)\\ W_{yx}^{(0)}(x'_1,x'_2,\omega) & W_{yy}^{(0)}(x'_1,x'_2,\omega)\end{bmatrix} \tag{5.1}$$

其中交叉谱密度函数可以表示为[4]：

$$W_{ij}^{(0)}(x_1',x_2',\omega)=A_iA_jB_{ij}\exp\left(-\frac{x_1'^2+x_2'^2}{4w_0^2}\right)\exp\left[-\frac{(x_2'-x_1')^2}{2\sigma_{0y}^2}\right](i,j=x,y)$$

$$(5.2)$$

其中 w_0 和 σ_{0ij} 为光束的半高全宽和横向相干宽度。为简单起见,我们考虑一类源,其中 E_x 和 E_y 在源的每一点上都不相干,即当 $i=j$ 时,$B_{ij}=1$,否则 $B_{ij}=0$。此时源的偏振度可表示为[5,6]:

$$P^{(0)}=\frac{|A_x^2-A_y^2|}{A_x^2+A_y^2}$$

$$(5.3)$$

众所周知,在大气湍流中传播时交叉谱密度矩阵元的传输遵循扩展的惠更斯菲涅耳原理[7]:

$$W_{ij}(x_1,x_2,z;\omega)=\frac{1}{\lambda z}\iint\mathrm{d}x_1'\mathrm{d}x_2'W_{ij}^{(0)}(x_1',x_2',\omega)\times$$

$$\exp\left[-\mathrm{i}k\frac{(x_1-x_1')^2-(x_2-x_2')^2}{2z}\right]\times$$

$$|\langle\exp\left[\psi^*(x_1',x_1,z)+\psi(x_2',x_2,z')\right]\rangle m\;(5.4)$$

其中 $\langle\rangle m$ 为湍流介质系综平均,x_1 和 x_2 为平面 $z=0$ 处两点的横向坐标。$\langle\exp\left[\psi^*(x,x_1')+\psi^*(x,x_2')\right]\rangle_m$ 可简化为[8,9]:

$$\langle\exp\left[\psi^*(x,x_1')+\psi(x,x_2')\right]\rangle m\approx$$

$$\exp\left[-\frac{1}{3}\pi^2k^2z(x_2'-x_1')^2\int_0^\infty\kappa^3\Phi_n(\kappa)\mathrm{d}\kappa\right]$$

$$(5.5)$$

式中,Φ_n 为大气湍流折射率的空间功率谱,k 为波数。传播光束通过大气湍流的强度由式(5.6)表示:

$$I(x,z)=\mathrm{Tr}\left[W(x,x,z)\right]$$

$$(5.6)$$

其中 Tr 为交叉谱密度函数矩阵的迹。我们使用均方根波束宽度来描述矢量高斯-谢尔模型光束在大气湍流中的传播和方向,定义式为[9]:

$$w(z)=\left[\frac{\int x^2I(x,z)\mathrm{d}x}{\int I(x,z)\mathrm{d}x}\right]^{\frac{1}{2}}$$

$$(5.7)$$

方程(5.7)可以改写为:

$$w^2(z) = \frac{\int x^2 I(x,z)\,\mathrm{d}x}{\int I(x,z)\,\mathrm{d}x}$$

(5.8)

$$= \frac{\int x^2 W_{xx}(x,x,z)\,\mathrm{d}x + \int x^2 W_{yy}(x,x,z)\,\mathrm{d}x}{\int W_{xx}(x,x,z)\,\mathrm{d}x + \int W_{yy}(x,x,z)\,\mathrm{d}x}$$

根据能量守恒定律,可以得到:

$$\int I(x,z)\,\mathrm{d}x = \int I(x,0)\,\mathrm{d}x$$

(5.9)

将方程(5.2)代入方程(5.9),可得:

$$\int I(x,z)\,\mathrm{d}x = \sqrt{2\pi}w_0 A_x^2 \left[1 + \frac{1-p^{(0)}}{1+P^{(0)}}\right]$$

(5.10)

将方程(5.2)和(5.4)代入方程(5.8),可得:

$$F_x = \int x^2 W_{xx}(x,x,z)\,\mathrm{d}x$$

$$= \frac{1}{\lambda z}\int x^2 \iint A_x^2 \exp\left(-\frac{x_1'^2 + x_2'^2}{4w_0^2}\right)\exp\left[-\frac{(x_2'-x_1')^2}{2\sigma_{0xx}^2}\right]\times$$

$$\exp\left[-\mathrm{i}k\frac{(x-x_1')^2-(x-x_2')^2}{2z}\right]$$

$$\left[\exp\left[-\frac{1}{3}\pi^2 k^2 z(x_2'-x_1')^2\int_0^\infty \kappa^3 \Phi_n(\kappa)\,\mathrm{d}\kappa\right]\mathrm{d}u\mathrm{d}v\mathrm{d}x\right.$$

(5.11)

引入新的积分变量

$$u = \frac{x_2'+x_1'}{2}, v = x_2'-x_1'$$

方程(5.11)可写为:

$$F_x = \frac{A_x^2}{\lambda z}\int x^2 \exp - \left(\frac{\mathrm{i}kvx}{z}\right)\times$$

$$\iint \exp\left(-\frac{u^2}{2w_0^2} + \frac{\mathrm{i}kuv}{z}\right)\exp\left[-\frac{v^2}{8\delta_{xx}^2} - \frac{\pi^2 k^2 z v^2}{3}\int_0^\infty \kappa^3 \Phi_n(\kappa)\,\mathrm{d}\kappa\right]\mathrm{d}u\mathrm{d}v\mathrm{d}x$$

(5.12)

利用积分公式[9,10]:

$$\int x^2 \exp(-\mathrm{i}2\pi xa)\,\mathrm{d}x = -\frac{1}{(2\pi)^2}\delta''(a)$$

可得：

$$F_x = -\frac{A_x^2}{4\pi^2 \lambda z} \iint \exp\left(-\frac{u^2}{2w_0^2} + \frac{\mathrm{i}kuv}{z}\right) \times$$

$$\exp\left[-\frac{v^2}{8\delta_{xx}^2} - \frac{\pi^2 k^2 v^2}{3}\int_0^\infty \kappa^3 \Phi_n(\kappa)\mathrm{d}\kappa\right]\delta''\left(\frac{v}{\lambda z}\right)\mathrm{d}u\mathrm{d}v$$

$$(5.13)$$

δ 和 δ'' 分别表示狄拉克函数及其二阶导数。利用积分公式：

$$\int f(x)\delta''(x)\mathrm{d}x = f''(0) \qquad (5.14)$$

可得：

$$F_x = \frac{A_x^2 \sqrt{2\pi}w_0}{2}\left[2w_0^2 + \frac{z^2}{2k^2\delta_{yy}} + \frac{4\pi^2 z^3}{3}\int_0^\infty k\phi_n(\kappa)\mathrm{d}\kappa\right] \quad (5.15)$$

同理，可得：

$$F_y = \int x^2 W_{yy}(x,x,z)\mathrm{d}x$$

$$= \frac{A_x^2 \sqrt{2\pi}w_0}{2}\left[2w_0^2 + \frac{z^2}{2k^2\delta_{yy}} + \frac{4\pi^2 z^3}{3}\int_0^\infty \kappa\phi_n(\kappa)\mathrm{d}\kappa\right]$$

$$(5.16)$$

将方程(5.10)，式(5.15)，式(5.16)代入方程(5.8)可得：

$$w(z) = -\frac{1}{2\left[1 + \frac{1-P^{(0)}}{1+P^{(0)}}\right]} \cdot \left(2w_0^2 + \frac{z^2}{2k^2\delta_{xx}^2} + \frac{4\pi^2 z^3}{3}\int_0^\infty \kappa^3 \Phi_n(\kappa)\mathrm{d}\kappa\right) +$$

$$\frac{1-P^{(0)}}{1+P^{(0)}}\left[2w_0^2 + \frac{z^2}{2k^2\delta_{yy}^2} + \frac{4\pi^2 z^3}{3}\int_0^\infty \kappa^3 \Phi_n(\kappa)\mathrm{d}\kappa\right]^{1/2}$$

$$(5.17)$$

其中 $\frac{1}{4w_0^2} + \frac{1}{\sigma_{0ii}^2} = \frac{1}{4\delta_{ii}^2}$，$j = (x,y)$，因此大气湍流中光束的远场发散角可以

表示为：

$$\theta_{sp} = \lim_{z\to\infty}\frac{w(z)}{z} = \left[\frac{1+P^{(0)}}{8k^2\delta_{xx}^2} + \frac{1-P^{(0)}}{8k^2\delta_{yy}^2} + \frac{2\pi^2 z}{3}\int_0^\infty \kappa^3 \Phi_n(\kappa)\mathrm{d}\kappa\right]^{1/2}$$

$$(5.18)$$

在本章参考文献[11]，[12]中研究了激光在大气湍流中保持为"光束"的

条件。矢量部分相干高斯光束在自由空间的远场发散角式方程(5.18)的

一种特殊情况。由式(5.18)可知,在一定的传输距离下矢量部分相干高斯光束通过大气湍流的远场角与 j 参数 δ_{0xx}, δ_{0yy}, 极化度 $p^{(0)}$ 和大气湍流性质有关。

我们使用 von Kárán 谱大气湍流模型[7]:

$$\Phi_n(\kappa) = 0.033 C_n^2 \frac{\exp(-\kappa^2/\kappa_m^2)}{(\kappa^2+\kappa_0^2)^{11/6}}, \quad 0 \leqslant \kappa < \infty \tag{5.19}$$

其中 C_n^2 为大气湍流的折射率结构参数, $\kappa_0 = \dfrac{2\pi}{L_0}$, L_0 为湍流的外尺度, $\kappa_m = \dfrac{5.92}{l_0}$, l_0 为湍流的内尺度。将方程(5.19)代入方程(5.17)得到:

$$w(z) = \left\{ w_0^2 + \left[\frac{1+P^{(0)}}{\delta_{xx}^2} + \frac{1-P^{(0)}}{\delta_{yy}^2} \right] \frac{z^2}{8 k^2} \right.$$

$$\left. + 0.022 C_n^2 \kappa_0^{\frac{1}{3}} \left[\exp\left(\frac{\kappa_0^2}{\kappa_m^2}\right) \kappa_0^{-1/3} \kappa_m^{-5/3} (6 \kappa_0^2 + 5 \kappa_m^2) \Gamma\left(\frac{1}{6}, \frac{\kappa_0^2}{\kappa_m^2}\right) - 6 \right] z^3 \right\}^{1/2}$$

$$\tag{5.20}$$

因此,矢量部分相干高斯光束通过大气湍流的远场发散角 θ_{sp} 可以表示为:

$$\theta_{sp} = \left\{ \left[\frac{1+P^{(0)}}{\delta_{xx}^2} + \frac{1-P^{(0)}}{\delta_{yy}^2} \right] \frac{1}{8 k^2} + \right.$$

$$\left. 0.022 C_n^2 \kappa_0^{\frac{1}{3}} \left[\exp\left(\frac{\kappa_0^2}{\kappa_m^2}\right) \kappa_0^{-\frac{1}{3}} \kappa_m^{-\frac{5}{3}} (6 \kappa_0^2 + 5 \kappa_m^2) \Gamma\left(\frac{1}{6}, \frac{\kappa_0^2}{\kappa_m^2}\right) - 6 \right] z \right\}^{1/2}$$

$$\tag{5.21}$$

在此基础上,我们探讨激光相干性和偏振对光束在大气湍流中的束宽和远场发散角的影响。图 5.1 给出了不同空间相干长度下,矢量部分相干高斯光束的束宽 $w(z)$ 随传输距离的变化规律。其仿真模拟参数如下: $w_0 = 0.02$ m, $p^{(0)} = 0.4$, $C_n^2 = 2 \times 10^{-14}$, $\lambda = 1064 \times 10^{-9}$ m, $L_0 = 10$ m, $l_0 = 0.02$ m。在同样传输距离情形下,矢量部分相干高斯光束的束宽随着光束相干性的变差逐渐变大。也就是说激光束在大气湍流传输时,当其他条件一样,部分相干光会比完全相干光发散更快。这是因为矢量部分相干高斯光束可以表示为一系列相干模式的叠加,其空间相干性随着相干模式数的增大而变差。不同相干模式在大气湍流中传输时,其束宽不一致[9,13]。图 5.2 给出了在三种偏振度值下,矢量部分相干高斯光束的束

宽 $w(z)$ 随传输距离 z 变化曲线图。其他参数与图 5.1 相同。由图 5.2 可以看出,在固定传输距离下,随着偏振度的减小,矢量部分相干高斯光束的束宽减小。从图 5.1 和图 5.2 可以看出,具有不同空间相干度和偏振度的光束在大气湍流中传播时,其远场角是不同的。然而,结果并不总是正确的,这将在下面的讨论。由方程(5.20)可知,在波束宽度 w_0 相干长度 σ_{0ii} 和源的偏振度 $p^{(0)}$ 满足以下条件的情况下,通过大气传播的两束矢量部分相干高斯光束的远场发散角是相同的:

$$\frac{1+P^{(0)}}{\delta_{xx}^2}+\frac{1-P^{(0)}}{\delta_{yy}^2}=常数 \tag{5.22}$$

方程(5.22)是本文的主要结果之一,它是本章文献[8]中结果的推广。由方程(5.18)和方程(5.19)可知,满足方程(5.22)的两束矢量部分相干光束的远场强度分布一般不相同,但是具有相同的远场发散角。图 5.3 给出了 EGSM 在自由空间和大气湍流中光束宽度 $w(z)$ 与传输距离 z 的函数,其他参数与图 5.1 相同。从图 5.3 可以看出,满足方程(5.22)的不同空间相干度和偏振度的 EGSM 光束不仅在自由空间中,在大气湍流中也具有相同的远场发散角。

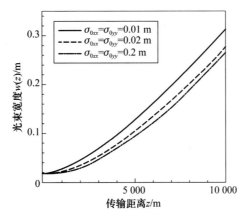

图 5.1   在不同空间相干长度下,矢量部分相干高斯光束的

束宽 $w(z)$ 随传输距离的变化曲线

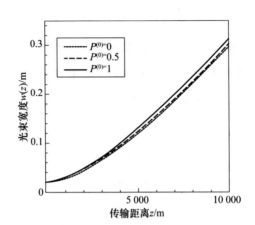

图 5.2　在不同偏振度情形下,矢量部分相干高斯光束的

束宽 $w(z)$ 随传输距离的变化曲线图

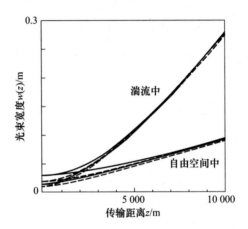

图 5.3　在自由空间和大气湍流中,矢量部分相干高斯光束的

束宽 $w(z)$ 随传输距离变化曲线

图 5.3 中的参数与表 5.1 一致。

表 5.1　矢量部分相干高斯光束的参数

	$P^{(0)}$	w_0/m	σ_{0xx}/m	σ_{0yy}/m
黑线	1	0.03	0.02	0.01
红线	0.8	0.02	0.021	0.03
蓝线	0.4	0.014	0.0305	0.02
绿线	0	0.01	0.05	0.08

本小结推导出了矢量部分相干高斯光束在大气湍流中传播的光束宽

度和远场发散角的解析表达式。在此基础上,研究了在自由空间和大气湍流中 EGSM 光束的方向性。得到了在自由空间和大气湍流中,具有不同空间相干度和偏振度的光束产生相同远场角扩展的条件。该研究结果对自由空间的远距离光通信等具有潜在的应用价值。

5.2 光束展宽

激光束通过有湍流的大气传输时,由于大气湍流中折射率随机起伏,导致原来稳定传播的激光束产生扰动,变化情况与激光束束宽和大气湍流尺寸的相对大小有关。大气湍流会导致激光束进一步扩展,其光束束宽比在自由空间中传输相同距离更大,即光束展宽。下面我们将探讨在水平路径[15,16]和斜程路径[17]不同情形下的光束展宽。

5.2.1 水平路径

我们先讨论标量部分相干光束[15,16]在大气湍流中的光束展宽,然后研究矢量部分相干光束的光束展宽。

假设一束高斯-谢尔模型(GSM)光束[15]从 $z=0$ 射入半空间,其交叉谱密度函数(CSDF)可表示为[18]:

$$W^{(0)}(\boldsymbol{\rho}_1,\boldsymbol{\rho}_2,\omega)=\exp\left[-\left(\frac{|\boldsymbol{\rho}_1|^2+|\boldsymbol{\rho}_2|^2}{2\sigma_s^2}+\frac{|\boldsymbol{\rho}_1-\boldsymbol{\rho}_2|^2}{2\sigma_\mu^2}\right)\right] \quad (5.23)$$

其中 σ_s 和 σ_μ 分别为光束的束宽和横向相干宽度。交叉谱密度函数遵循扩展的惠更斯-菲涅耳原理[7]:

$$I(\boldsymbol{\rho},z)=W(\boldsymbol{\rho},\boldsymbol{\rho},z)=\frac{1}{(\lambda z)^2}\iiiint \mathrm{d}^2\boldsymbol{\rho}_1\,\mathrm{d}^2\boldsymbol{\rho}_2\times W^{(0)}\times$$

$$(\boldsymbol{\rho}_1,\boldsymbol{\rho}_2,0)\exp\left[-ik\frac{(\boldsymbol{\rho}-\boldsymbol{\rho}_1)^2-(\boldsymbol{\rho}-\boldsymbol{\rho}_2)^2}{2z}\right]\times$$

$$\langle\exp\left[\psi^*(\boldsymbol{\rho},\boldsymbol{\rho}_1,z)+\psi(\boldsymbol{\rho},\boldsymbol{\rho}_2),z\right]\rangle \quad (5.24)$$

其中 $<>$ 为湍流介质系综平均,ψ 为与湍流性质有关的相位函数,

$$\langle \exp[\psi^*(\boldsymbol{\rho}, \boldsymbol{\rho}_1, z) + \psi(\boldsymbol{\rho}, \boldsymbol{\rho}_2, z)]\rangle = \exp\left\{-4\pi^2 k^2 z \int_0^1 \int_0^\infty \kappa \Phi_n(\kappa)[1 - J_0(\kappa\xi \mid \boldsymbol{\rho}_1 - \boldsymbol{\rho}_2 \mid)] dk d\xi\right\}$$ 为该函数的相结构函数[7]。根据均方根波束宽度定义式(5.7),可得部分相干高斯光束束宽的表达式[14]:

$$w(z) = \left\{2\sigma_s^2 + \frac{2z^2}{k^2\sigma^2} + \frac{4\pi^2 z^3}{3}\int_0^\infty \kappa^3 \Phi_n(\kappa) d\kappa\right\}^{1/2} \tag{5.25}$$

其中: $\frac{1}{\sigma^2} = \frac{1}{4\sigma_s^2} + \frac{1}{\sigma_\mu^2}$。大气湍流模型选择 non-Kolmogorov 谱:

$$\Phi_n(\kappa, \alpha) = A(\alpha)\widetilde{C}_n^2 \frac{\exp[-(\kappa^2/\kappa_m^2)]}{(\kappa^2 + \kappa_0^2)^{\alpha/2}}$$

$$0 \leqslant \kappa < \infty, 3 < \alpha < 4 \tag{5.26}$$

其中 $\kappa_0 = 2\pi/L_0$, L_0 为湍流外尺度, $\kappa_m = c(\alpha)/l_0$, l_0 为湍流内尺度, $c(\alpha) = [\Gamma(5-\alpha/2) \cdot A(\alpha) \cdot 2/3\pi]^{\frac{1}{\alpha-5}}$。$\widetilde{C}_n^2$ 是大气湍流结构常数 $(m^{3-\alpha})$。$A(\alpha) = \Gamma(\alpha-1) \cdot \dfrac{\cos\left(\dfrac{\alpha\pi}{2}\right)}{4\pi^2}$,其中 $\Gamma(x)$ 是伽马函数。当 $a = 11/3$ 时,$A(11/3) = 0.033$,$\widetilde{C}_n^2 = C_n^2$,non-Kolmogorov 谱变成 Kolmogorov 谱,即方程(5.19)。

将方程(5.26)代入方程(5.25),可得部分相干高斯光束在 non-Kolmogorov 大气湍流中传输时的光束展宽表达式:

$$w(z) = \left\{2\sigma_s^2 + \frac{2z^2}{k^2\sigma^2} + \left[\frac{2\pi^2 \cdot A(\alpha) \cdot \widetilde{C}_n^2}{3}\frac{\kappa_m^{2-\alpha}\beta\exp\left(\frac{\kappa_0^2}{\kappa_m^2}\right)\Gamma(2-\frac{\alpha}{2}, \frac{\kappa_0^2}{\kappa_m^2}) - 2\kappa_0^{4-\alpha}}{\alpha-2}\right]z^3\right\}^{1/2}$$

$$\tag{5.27}$$

其中 $\beta = 2\kappa_0^2 - 2\kappa_m^2 + \alpha\kappa_m^2$。由方程(5.27)可以得到其远场发散角,即 $\theta_{sp} = \lim\limits_{z\to\infty}\dfrac{w(z)}{z}$。由方程(5.27)可知,部分相干高斯光束在大气湍流中的束宽与源平面的束宽 σ_s、横向相干宽度 σ_μ、大气湍流外尺度 L_0、内尺度 l_0 和 α 等参数有关。

图 5.4 给出了不同相干性 $\eta = \sigma_s/\sigma_\mu$ 情形下,部分相干高斯光束在 non-Kolmogorov 湍流中传输时归一化 rms 束宽随传输距离的变化曲线图。其仿真参数为: $\widetilde{C}_n^2 = 7 \times 10^{-14}$,$\lambda = 850$ nm,$L_0 = 1$ m,$l_0 = 0.01$ m,$\alpha = 3.8$。如图 5.4 所示,在一定条件下,不同相干性的部分相干高斯光束在远场具有几乎相同的束宽,与源平面的相干性无关。从方程(5.27)可以看

出,当激光在大气湍流中传输足够远时,束宽表达式中第三项的贡献远大于前两项的贡献,其光束束宽主要由第三项决定。大气湍流对光束展宽的贡献随着传输距离变得越来越大。在远距离激光通信中,部分相干光束的光强起伏会比完全相干光的光强起伏小[19],光强起伏越大,通信系统系统性能越差。

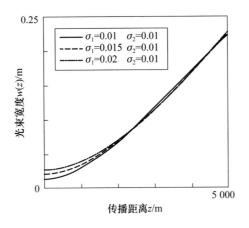

图 5.4　不同相干性情形下,部分相干高斯光束在 non-Kolmogorov

湍流中传输时归一化 rms 束宽随传输距离的变化曲线

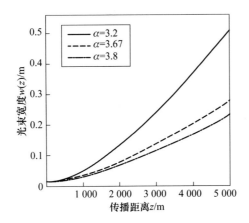

图 5.5　不同 α 情形下,部分相干高斯光束在 non-Kolmogorov

湍流中传输时归一化 rms 束宽随传输距离的变化曲线

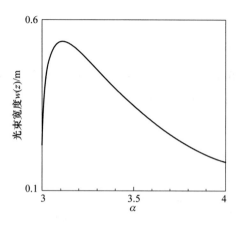

图 5.6   传输距离 $z=5\ 000\ \mathrm{m}$ 时,部分相干高斯光束在

non-Kolmogorov 湍流中传输时归一化 rms 束宽随 α 变化曲线

图 5.5 给出了不同 α 情形下,部分相干高斯光束在 non-Kolmogorov 湍流中传输时归一化 rms 束宽随传输距离的变化曲线图,其他参数与图 5.4 相同。从图 5.5 中可以看出:当 α 不同,归一化均方根波束宽度 $w(z)$ 随传输距离的增加 z 而增加。然而,当 z 固定时,不同 α 光束束宽不一样。图 5.6 给出了传输距离 $z=5\ 000\ \mathrm{m}$ 处,部分相干高斯光束在 non-Kolmogorov 湍流中传输时归一化 rms 束宽随 α 变化曲线图。由图 5.6 可知,归一化束宽 $w(z)$ 随着 α 的增大而增大,直到达到最大值。在最大点之后,归一化束宽 $w(z)$ 随着 α 的增大而减小。

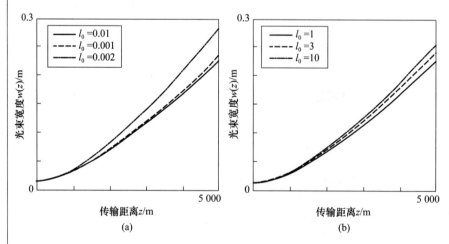

图 5.7   不同内尺度 l_0(a)和外尺度 L_0(b)情形下,部分相干高斯光束在

non-Kolmogorov 湍流中传输时归一化 rms 束宽随传输距离 z 的变化曲线

图 5.7 给出了不同内尺度 l_0(a)和外尺度 L_0(b)情形下,部分相干高斯光束在 non-Kolmogorov 湍流中传输时归一化 rms 束宽随传输距离 z 的变化曲线图。图 5.7(a)参数为 $\alpha=3.8$,$L_0=1$ m,图 5.7(b)参数为 $l_0=0.01$ m,其他参数与图 5.5 相同。由图 5.7(a)可知,在传输距离 z 固定的情况下,部分相干高斯光束的归一化均方根束宽 $w(z)$ 随着湍流内尺度 l_0 的减小而增大,而束宽 $w(z)$ 随湍流外尺度 L_0 的增大而增大,如图 5.7(b)所示。这是因为外尺度 L_0 是大气湍流惯性区间的上限,内尺度 l_0 是大气湍流惯性区间的下限。内尺度 l_0 的减小或者外尺度 L_0 的增加等效于大气湍流变强,从而导致光束束宽变宽。

结果表明,大气湍流内、外尺度、指数值 α 以及激光参数都会对远场的光束束宽产生一定的影响。光束宽度随大气湍流内尺度的减小或外尺度的增大而增大。因此,空间部分相干光束更适合用于远距离通信,可以提高通信系统的性能。为了更加细致地探讨激光束在大气湍流中的光束展宽,我们将研究部分相干 Hermite-Gauss 光束在 non-kolmogorov 湍流中的传输特性[16]。

假设一束部分相干的厄米高斯光束从 $z=0$ 通过湍流大气传播到半空间 $z>0$,其在 $z=0$ 平面的交叉谱密度函数[10,20]可表示为:

$$W^{(0)}(x_1',x_2',0)=B_m^2 H_m\left(\frac{\sqrt{2}x_1'}{w_0}\right)H_m\left(\frac{\sqrt{2}x_2'}{w_0}\right)\times$$

$$\exp\left(-\frac{x_1'^2+x_2'^2}{w_0^2}\right)\exp\left[-\frac{(x_1'-x_2')^2}{2\sigma_0^2}\right] \tag{5.28}$$

式中,σ_0 和 w_0 分别为横向相干长度和束腰宽度。$H_m()$ 为 m 阶厄米多项式,B_m^2 为归一化常数。交叉谱密度函数遵循扩展的惠更斯-菲涅耳原理[7,21]

$$I(x,z)=W(x,x,z)$$

$$=\frac{1}{\lambda z}\iint \mathrm{d}x_1'\mathrm{d}x_2'W^{(0)}(x_1',x_2',0)\times$$

$$\exp\left[-\mathrm{i}k\frac{(x-x_1')^2-(x-x_2')^2}{2z}\right]\times$$

$$\langle\exp\left[\psi^*(x,x_1')+\psi(x,x_2')\right]\rangle \tag{5.29}$$

其中 $k = 2\pi/\lambda$ 是波数。其中 $\langle\rangle$ 表示湍流介质上的系综平均,可表示为[7,21]:

$$\langle\exp\left[\psi^*(x,x_1') + \psi(x,x_2')\right]\rangle = \exp\left\{-4\pi^2 k^2 z\int_0^1\int_0^\infty \kappa\,\Phi_n(\kappa)\right.$$

$$\left.\left[1 - J_0(\kappa\xi\,|\,x_2'-x_1'\,|\,)\right]\mathrm{d}\kappa\mathrm{d}\xi\right\} \tag{5.30}$$

其中,Φ_n 为大气湍流折射率波动的空间功率谱,J_0 为第一类零阶贝塞尔函数。在强涨落条件下,即 $\kappa\xi\,|\,x_2'-x_1'\,|\ll 1$[14,22],$J_0(\kappa\xi x)$ 可以近似表示为:

$$J_0(\kappa\xi x)\approx 1 - \frac{1}{4}(\kappa\xi x)^2 \tag{5.31}$$

将方程(5.31)代入方程(5.30),可得:

$$\langle\exp\left[\psi^*(x,x_1') + \psi(x,x_2')\right]\rangle\approx\exp\left[-\frac{1}{3}\pi^2 k^2 z\,(x_2'-x_1')^2\right.$$

$$\left.\int_0^\infty \kappa^3\,\Phi_n(\kappa)\mathrm{d}\kappa\right] \tag{5.32}$$

使用新的积分变量:

$$u = \frac{x_2'+x_1'}{2},\,v = x_2'-x_1' \tag{5.33}$$

并将方程(5.28)和方程(5.32)代入方程(5.29),可得:

$$I(x,z) = \frac{B_m^2}{\lambda z}\iint\mathrm{d}u\mathrm{d}v\,H_m\left[\frac{\sqrt{2}}{w_0}\left(u+\frac{1}{2}v\right)\right]H_m\left[\frac{\sqrt{2}}{w_0}\left(u-\frac{1}{2}v\right)\right]\times$$

$$\exp\left(-\frac{2\,u^2}{w_0^2}\right)\exp\left[-\left(\frac{1}{w_0^2}+\frac{1}{\sigma_0^2}\right)v^2\right]\times$$

$$\exp\left[-\frac{\mathrm{i}k(u+x)v}{z}\right]\times$$

$$\exp\left[-\frac{1}{3}\pi^2 k^2 z v^2\int_0^\infty \kappa^3\,\Phi_n(\kappa)\mathrm{d}\kappa\right]$$

$$\tag{5.34}$$

均方根波束宽度定义为[14]:

$$w(z) = \left[\frac{\int x^2 I(x,z)\mathrm{d}x}{\int I(x,z)\mathrm{d}x}\right]^{\frac{1}{2}} = \left(\frac{F_2}{F_1}\right)^{1/2} \tag{5.35}$$

根据能量守恒原理,可得:

$$F_1 = \int I(x,z)\mathrm{d}x = \int I(x,0)\mathrm{d}x = 1 \tag{5.36}$$

回顾积分公式：

$$\int x^2 \exp(-2\mathrm{i}\pi xs)\mathrm{d}s = -\frac{1}{(2\pi)^2}\delta''(s) \tag{5.37}$$

其中 $\delta(x)$ 为狄拉克函数，可得：

$$F_2 = \int x^2 I(x,z)\mathrm{d}x = B_m^2 \left(\frac{z}{k}\right)^2 \iint \mathrm{d}u\,\mathrm{d}v\, H_m\left[\frac{\sqrt{2}}{w_0}(u+\frac{1}{2}v)\right]$$

$$H_m\left[\frac{\sqrt{2}}{w_0}(u-\frac{1}{2}v)\right]\exp\left[-\frac{2u^2}{w_0^2}\right]\exp\left[-\left(\frac{1}{w_0^2}+\right.\right.$$

$$\left.\frac{1}{\sigma_0^2}\right)v^2\left]\exp\left(-\frac{\mathrm{i}kuv}{z}\right)\exp\left[-\frac{1}{3}\pi^2 k^2 z v^2\right.\right.$$

$$\int_0^\infty \kappa^3 \Phi_n(\kappa)\mathrm{d}\kappa\bigg]\delta''(v) \tag{5.38}$$

利用以下积分公式：

$$\int \exp(-x^2) H_m(x+y) H_m(x+z)\mathrm{d}x = 2^m \sqrt{\pi} L_m(-2yz) \tag{5.39}$$

$$\int f(x)\delta''(x)\mathrm{d}x = f''(0) \tag{5.40}$$

其中 L_m 是 m 阶拉盖尔多项式，得到：

$$F_2 = \frac{1+2m}{4}w_0^2 + \left(\frac{2m+1}{w_0^2}+\frac{1}{\sigma_0^2}\right)\frac{z^2}{k^2} + \frac{2\pi^2 z^3}{3}\int_0^\infty \kappa^3 \Phi_n(\kappa)\mathrm{d}\kappa \tag{5.41}$$

我们使用 non-Kolmogorov 谱大气湍流模型［方程(5.26)］，可得：

$$F_2 = \frac{1+2m}{4}w_0^2 + \left(\frac{2m+1}{w_0^2}+\frac{1}{\sigma_0^2}\right)\frac{z^2}{k^2} + \frac{\pi^2 z^3 A(\alpha)\tilde{C}_n^2}{3} \cdot$$

$$\frac{\kappa_m^{2-\alpha}\beta exp\,(\kappa_0^2/\kappa_m^2)\Gamma(2-(\alpha/2),(\kappa_0^2/\kappa_m^2))-2\kappa_0^{4-\alpha}}{\alpha-2} \tag{5.42}$$

其中 $\beta = 2\kappa_0^2 - 2\kappa_m^2 + \alpha\kappa_m^2$。因此，部分相干 Hermite-Gauss 光束通过 non-Kolmogorov 湍流的均方根束宽可以表示为：

$$w(z) = \left\{ \frac{1+2m}{4}w_0^2 + \left(\frac{2m+1}{w_0^2} + \frac{1}{\sigma_0^2} \right) \frac{z^2}{k^2} + \frac{\pi^2 z^3 A(\alpha) \widetilde{C}_n^2}{3} \cdot \right.$$

$$\left. \frac{\kappa_m^{2-\alpha} \beta \exp \left(\frac{\kappa_0^2}{\kappa_m^2} \right) \Gamma[2-(x/2),(k_0^2/k_m^2)] - 2k_0^{4-x}}{\alpha - 2} \right\}^{1/2} \quad (5.43)$$

由方程(5.43)可知,通过非湍流的部分相干 Hermite-Gauss 光束的光束宽度与光束阶数 m,光束宽度 w_0,相干长度 σ_0,C_n^2,内尺度 l_0,外尺度 L_0,α 等参数有关。因此,部分相干 Hermite-Gauss 光束的远场发散角可表示为:

$$\theta(z) = \left\{ \left(\frac{2m+1}{w_0^2} + \frac{1}{\sigma_0^2} \right) \frac{1}{k^2} + \frac{\pi^2 A(\alpha) \widetilde{c}_n^2}{3} \cdot \right.$$

$$\left. \frac{\kappa_m^{2-\alpha} \beta \exp \left(\kappa_0^2/\kappa_m^2 \right) \Gamma[2-(\alpha/2),(\kappa_0^2/\kappa_m^2)] - 2\kappa_0^{4-\alpha}}{\alpha - 2} \right\}^{1/2} \quad (5.44)$$

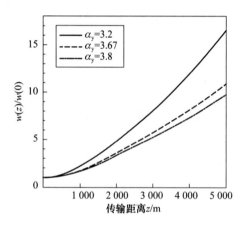

图 5.8　在不同 α 情形下,部分相干 Hermite-Gauss 光束通过

non-Kolmogorov 湍流时束宽 $\frac{w(z)}{w(0)}$ 随传输距离 z 的变化曲线

图 5.8 给出了部分相干 Hermite-Gauss 光束通过 non-Kolmogorov 湍流时束宽 $\frac{w(z)}{w(0)}$ 随传输距离 z 的变化曲线图。仿真参数如下:$w_0 = 0.02$ m,$\sigma_0 = 0.01$ m。$\lambda = 1\,064$ nm,$L_0 = 1$ m,$l_0 = 0.02$ m,$\widetilde{C}_n^2 = 7 \times 10^{-14}\ m^{\alpha+3}$,$\alpha = 3.2$,光束阶 $m = 1$。由图 5.7 可知,当 α 给定时,部分相干 Hermite-Gauss 光束通过 non-Kolmogorov 湍流时束宽 $\frac{w(z)}{w(0)}$ 随传输距离 z 的增大而增大。当传输距离给定时,不同 α 值情形下,部分相干 Hermite-Gauss

光束束宽不一样。为了进一步探讨束宽 $\frac{w(z)}{w(0)}$ 随 α 值的变化规律,图 5.9 给出了不同阶数 m 情形下,部分相干 Hermite-Gauss 光束束宽随 α 值的变化曲线。从图 5.9 可以看出,部分相干 Hermite-Gauss 光束束宽的相对波束宽度随着指数值 α 的增大而增大,直至达到最大值,然后随着指数值 α 的增大而减小。对于固定指数值 α,波束阶 m 越大,相对波束宽越小。

图 5.10 给出了在不同湍流内尺度(a)和外尺度(b)情形下,部分相干 Hermite-Gauss 光束通过 non-Kolmogorov 湍流时束宽 $\frac{w(z)}{w(0)}$ 随传输距离 z 的变化曲线。仿真参数为:$w_0 = 0.02$ m,$\sigma_0 = 0.01$,$\widetilde{C}_n^2 = 7 \times 10^{-14}$ m$^{\alpha+3}$。$\alpha = 3.8$,$\lambda = 1\,064$ nm,$m = 1$,(a)$L_0 = 1$ m,(b)$l_0 = 0.02$ m。从图 5.10 可知,在固定传输距离 z 下,相对波束宽度 $\frac{w(z)}{w(0)}$ 随着内尺度 l_0 的减小和外尺度 L_0 的增大而增大,即内尺度 l_0 越小或外尺度 L_0 越大,相对波束宽度 $\frac{w(z)}{w(0)}$ 则越大。这是因为内标度 l_0 和外标度 L_0 分别形成了惯性范围的下限和上限。湍流越强,内尺度越小,外尺度越大。湍流内部尺度的减小和外部尺度的增大等价于湍流强度的增大。换句话说,在这种情况下,激光束沿其路径会经历更多的湍流单元,相对光束宽度也会更大。图 5.11 为

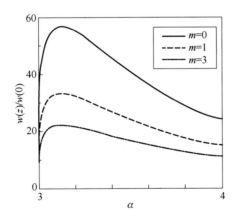

图 5.9 $z = 8\,000$ m 的情况下,不同阶数 m 的部分相干 Hermite-Gauss

光束通过 non-Kolmogorov 湍流时束宽 $\frac{w(z)}{w(0)}$ 随 α 的变化曲线

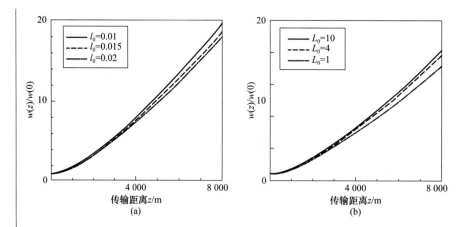

图 5.10　不同湍流内尺度(a)和外尺度(b)情形下,部分相干 Hermite-Gauss

光束通过 non-Kolmogorov 湍流时束宽$\frac{w(z)}{w(0)}$随传输距离 z 的变化曲线

不同阶数 m 情形下,部分相干 Hermite-Gauss 光束通过 non-Kolmogorov

湍流时束宽$\frac{w(z)}{w(0)}$随传输距离 z 的变化曲线。图 5.11 的其他参数与图 5.8

相同。如图 5.11 所示光束束宽$\frac{w(z)}{w(0)}$随光束阶 m 的增加而减小,即光束

阶 m 越大,受湍流影响越小。

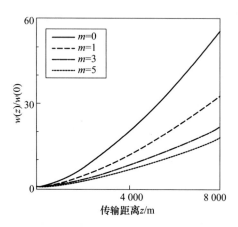

图 5.11　不同阶数 m 情形下,部分相干 Hermite-Gauss 光束通过

non-Kolmogorov 湍流时束宽$\frac{w(z)}{w(0)}$随传输距离 z 的变化曲线

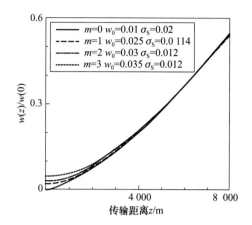

图 5.12 4 束等效部分相干 Hermite-Gauss 光束通过 non-Kolmogorov

湍流时束宽 $\frac{w(z)}{w(0)}$ 随传输距离 z 的变化曲线

图 5.12 给出了 4 束等效部分相干 Hermite-Gauss 光束通过 non-Kolmogorov 湍流时束宽 $\frac{w(z)}{w(0)}$ 随传输距离 z 的变化曲线。由方程(5.44)可知，当大气湍流参数固定时，如果源平面的部分相干 Hermite-Gauss 光束参数满足：

$$\frac{2m+1}{w_0^2}+\frac{1}{\sigma_0^2}=常数 \qquad (5.45)$$

则不同相干度的部分相干 Hermite-Gauss 光束通过 non-Kolmogorov 湍流时具有相同的远场发散角。这些具有不同相干度，但是有相同的远场发散角的光束称为等效光束[23]。也就是说这些等效光束在大气湍流中传输时，具有相同的远场发散角。由方程(5.44)可以看出，当传输距离足够远时，方程(5.44)的前两项与第三项相比，可以忽略不记。图 5.13 给出了不同阶数 m 情形下，传输距离 $z=8\,000$ m，部分相干 Hermite-Gauss 光束在 non-Kolmogorov 湍流传输时远场发散角随空间相干长度 σ_0 的变化曲线图。其他仿真参数与图 5.8 的一致。从图 5.13 可以看出，当光束阶数 m 固定时，θ_{sp} 随空间相干长度的减小而增大。当空间相干长度 σ_0 固定时，随光束阶 m 的增大而增大。

该小结探讨了部分相干 Hermite-Gauss 光束在 non-Kolmogorov 湍流中的传输特性，主要研究其光束展宽和光束方向性问题。基于扩展的惠更斯-菲涅耳原理和非柯尔莫哥洛夫谱,导出了 non-Kolmogorov 湍流条件下部分相干 Hermite-Gauss 光束束宽的解析表达式。结果表明湍流内尺度的减小和外尺度的增大会导致光束束宽变大。在远场中,部分相干 Hermite-Gauss 光束可以产生与全相干 Hermite-Gauss 光束相同的远场发散角,这在长距离光通信中有潜在的应用前景。空间相干性的降低可以降低大气湍流引起的强度波动,从而提高自由空间光通信系统的性能。

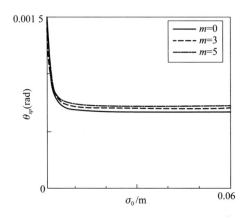

图 5.13　不同阶数 m 情形下,远场发散

角随空间相干长度 σ_0 的变化曲线图

5.2.2　斜程路径

本结以矢量部分相干高斯光束为例,探讨矢量部分相干高斯光束在大气湍流中沿倾斜路径传播的特性[17]。假设在一束矢量部分相干高斯光束沿 z 轴,穿过大气湍流向前传输。其交叉谱密度矩阵可表示为[24]:

$$\underline{W}^{(0)}(x_1',x_2')=\begin{pmatrix} W_{xx}^{(0)}(x_1',x_2') & W_{xy}^{(0)}(x_1',x_2') \\ W_{yx}^{(0)}(x_1',x_2') & W_{yy}^{(0)}(x_1',x_2') \end{pmatrix} \tag{5.46}$$

交叉谱密度函数可以表示为[25]

$$W_{ij}^{(0)}(x_1',x_2')=A_iA_jB_{ij}\exp\left(-\frac{x_1^2+x_2'^2}{w_0^2}\right)\times\exp\left[-\frac{(x_2'-x_1')^2}{2\sigma_{0ij}^2}\right],(i,j=x,y) \tag{5.47}$$

其中 w_0 和 σ_{0ij} 分别为束宽和横向相干长度。A_i 和 A_j 表示电场分量 E_i 和

E_j 谱密度的平方根。另外,参数 B_{ij} 具有下列属性[26]:

$$B_{ij} \equiv 1, \quad 当 \ i=j$$

$$|B_{ij}| \leqslant 1, \quad 当 \ i \neq j$$

$$B_{ij} = B_{ji}^* \tag{5.48}$$

交叉谱密度矩阵的每个元素在大气湍流中传播,遵循扩展的惠更斯-菲涅耳原理[7]:

$$W_{ij}(x_1, x_2, L) = \frac{1}{\lambda L} \iint dx_1' dx_2' W_{ij}^{(0)}(x_1', x_2', \omega) \times$$

$$\exp\left[-ik \frac{(x_1-x_1')^2 - (x_2-x_2')^2}{2L}\right] \times$$

$$\langle \exp[\psi^*(x_1', x_1) + \psi(x_2', x_2)] \rangle_m \tag{5.49}$$

其中 $k = \frac{\omega}{c}$ 是与频率 ω 相关的波数,$\langle \rangle_m$ 是湍流介质系综平均。

$$\exp[\psi^*(x_1', x_1) + \psi(x_2', x_2)] \rangle_m$$

$$= \exp[0.5 D_\Psi(x_1' - x_2', x_1 - x_2)]$$

$$\cong \exp\left[-\frac{(x_1'-x_2')^2 + (x_1'-x_2') \cdot (x_1-x_2) + (x_1-x_2)^2}{\rho_0^2}\right] \tag{5.50}$$

其中 $D_\Psi(x_1' - x_2', x_1 - x_2)$ 为 Rytov 表述中的结构函数。ρ_0 是球面波的空间相干半径,可以表示为[27,28]

$$\rho_0 = (0.545 \widetilde{C}_n^2 k^2 L)^{-\frac{3}{5}} \tag{5.51}$$

其中

$$\widetilde{C}_n^2 = \frac{1}{H} \int_0^H C_n^2(h) dh \tag{5.52}$$

C_n^2 为与高度相关的结构常数,h 为离地面的高度。L、z 可以表示为:

$$L = H \sec \zeta, \quad z = h \sec \zeta \tag{5.53}$$

其中 H 为光源与接收器之间的高度,ζ 为天顶角。本文采用国际电信联盟无线电通信(ITU-R)模型来描述与高度相关的结构常数模型[29]

$$C_n^2(h) = 8.148 \times 10^6 V^2 h^{10} \exp\left(-\frac{h}{1\,000}\right) + 2.7 \times 10^{-16}$$

$$\exp\left(-\frac{h}{1\,500}\right) + C_0 \times \exp\left(-\frac{h}{100}\right) \tag{5.54}$$

其中 $V = (v_g^2 + 30.69 v_g + 348.91)^{1/2}$ 为沿垂直路径的风速,v_g 为地面速度(本文设 $v_g = 0$),C_0 为地面标称值(典型值为 $1.7 \times 10-14 \ m^{-2/3}$),$h$ 为离地面高度,单位:m。

做如下变量代换:

$$x_s = \frac{x_1 + x_2}{2}, \quad x'_s = \frac{x'_1 + x'_2}{2}$$

$$x_d = x_1 - x_2, \quad x'_d = x'_1 - x'_2 \tag{5.55}$$

交叉谱密度函数式(5.47)可变换为:

$$W_{ij}^{(0)}(x'_1, x'_2) = A_i A_j B_{ij} \exp\left(-\frac{x'^2_d + 4x'^2_s}{2w_0^2} - \frac{x_d^2}{2\sigma_{0ij}^2}\right) \tag{5.56}$$

$$\exp\left[-ik\frac{(x_1 - x'_1)^2 - (x_2 - x'_2)^2}{2L}\right] = \exp\left[\frac{ik}{L}(x_d - x'_d)(x_s - x'_s)\right] \tag{5.57}$$

$$\langle \exp[\psi^*(x'_1, x_1) + \psi(x'_2, x_2)]\rangle_m = \exp\left(-\frac{x_d^2 + x'_d x_d + x_d^2}{\rho_0^2}\right) \tag{5.58}$$

因此,矢量部分相干高斯光束经过大气湍流传输后在传输距离 L 处的交叉谱密度函数可表示为:

$$W_{ij}(x_s, x_d, L) = \frac{A_i A_j B_{ij} w_0}{w_{ij}(L)} \exp\left[\frac{2i x_s x_d}{w_0^2 \hat{L}} - \left(\frac{1}{\rho_0^2} + \frac{1}{2w_0^2 \hat{L}^2}\right)x_d^2\right]$$

$$\exp\left\{\frac{\left[2i x_s + \left(\frac{w_0^2}{\rho_0^2}\hat{L} - \frac{1}{L}\right)x_d\right]^2}{2w_{ij}^2(L)}\right\} \tag{5.59}$$

其中

$$w_{ij}(L) = w_0 \sqrt{1 + \left(1 + \frac{w_0^2}{\sigma_{0ij}^2} + \frac{2w_0^2}{\rho_0^2}\right)\hat{L}^2} \tag{5.60}$$

$$\hat{L} = \frac{L}{Z_R} \tag{5.61}$$

$Z_R = \frac{kw_0^2}{2}$ 为瑞利距离。利用方程(5.59)可以推导出矢量部分相干高斯光束在大气湍流中传输时的相干度(DOC)和偏振度(DOP)。

经过大气湍流后的光强可表示为:

$$I(x, z) = \mathrm{Tr}[\underline{W}(x, x, z)] \tag{5.62}$$

其中 Tr 为交叉谱密度矩阵的迹。因此,当 $x_1 = x_2$ 时,可以得到矢量部分相干高斯波束的平均强度:

$$\langle I(x, L)\rangle = \frac{A_x^2 w_0}{w_{xx}(L)} \exp\left[-\frac{2x^2}{w_{xx}^2(L)}\right] + \frac{A_y^2 w_0}{w_{yy}(L)} \exp\left[-\frac{2x^2}{w_{yy}^2(L)}\right] \tag{5.63}$$

图 5.14 给出了不同相干性情形下(a),不同偏振度情形下(b)和不同天顶角情形下(c)矢量部分相干高斯光束经过大气湍流传输后在 $z = 30$ km 处的光强分布图。其他仿真参数是 $\lambda = 1\,064$ nm. $w_0 = 0.05$ m 和 $C_0 =$

$1.7 \times 10-14$ m$^{2/3}$。从图 5.14(a)可以看出,平均强度的峰值随着 $\sigma_{0xy} = \sigma_{0yy} = \sigma$ 的减小而减小,而平均强度的半最大值全宽(FWHM)随着 σ 的减小而增大;如图 5.14(b)所示,当其他参数不变时,平均强度峰值随 A_y 的减小而减小。这意味着矢量部分相干高斯光束通过大气湍流时,偏振度的变化会影响其远场强度分布。斜程传输时通过大气湍流的矢量部分相干光束平均强度随天顶角 ζ 的增大而减小,如图 5.14(c)所示。天顶角的增加等于传播路径的增加。因此,光束的平均强度会随着天顶角的增大而减小。图 5.15 给出了不同波长情形下,矢量部分相干高斯光束经过大气湍流传输后在 $z = 30$ km 处的光强分布图。仿真参数为 $\sigma_{0xy} = \sigma_{0yy} = 0.03$ m,$\zeta = \pi/6$,其他参数与图 5.14 中的相同。从图 5.14 可知,矢量部分相干高斯光束经过大气湍流传输时光强,传输相同距离后,波长长的激光束其束宽越宽,衍射越快。

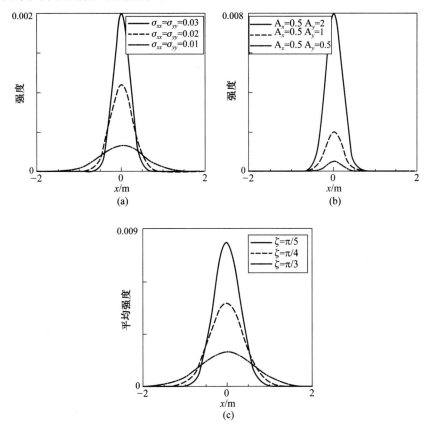

图 5.14 矢量部分相干高斯光束经过大气湍流传输后在 $z = 30$ km 处的光强分布:
(a) 不同相干性情形下,$A_x = 0.5$,$A_y = 1$,$\zeta = \pi/6$;(b)不同偏振度情形下,$\sigma_{0xx} = \sigma_{0yy} = 0.03$ m,$\zeta = \dfrac{\pi}{6}$;(c)不同天顶角 ζ 情形下,$\sigma_{0xx} = \sigma_{0yy} = 0.02$ m,$A_x = 0.5$,$A_y = 1$

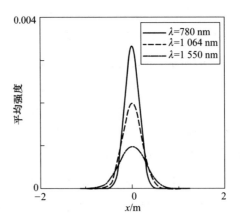

图 5.15 不同波长情形下,矢量部分相干高斯光束经过

大气湍流传输后在 $z=30\ \text{km}$ 处的光强分布

矢量部分相干高斯光束在观测点 (x,L) 处的偏振度可表示为[30]:

$$\mathbb{P}(x,L)=\sqrt{1-\frac{4\text{Det}\underline{\underline{W}}(x,x,L)}{[\text{Tr}\ \underline{\underline{W}}(x,x,L)]^2}} \tag{5.64}$$

其中 Tr 和 Det 分别表示矩阵的迹和行列式的值。因此,矢量部分相干光束的 $\mathbb{P}(x,L)$ 可表示为:

$$\mathbb{P}(x,L)=\frac{\sqrt{(W_{xx}-W_{yy})^2+4W_{xy}W_{yx}}}{W_{xx}+W_{yy}} \tag{5.65}$$

将方程(5.47)代入方程(5.65)可得源平面($z=0$)处偏振度的表达式:

$$\mathbb{P}(x,L)=\frac{\sqrt{(A_x^2-A_y^2)^2+4A_x^2A_y^2\ |B_{xy}|^2}}{A_x^2+A_y^2} \tag{5.66}$$

根据 DOP 方程(5.64),并结合矢量部分相干高斯光束经过大气湍流传输时任意传输距离 $z=L$ 处的交叉谱密度表达式方程(5.59),可得任意距离 $z>0$ 处偏振度的一般表达式:

$$\mathbb{P}(x,L)=\left\{\left\{\frac{A_x^2}{w_{xx}(L)}\exp\left[-\frac{2x^2}{w_{xx}^2(L)}\right]-\frac{A_y^2}{w_{yy}(L)}\exp\left[-\frac{2x^2}{w_{yy}^2(L)}\right]\right\}^2-\right.$$

$$\frac{4A_x^2A_y^2B_{xy}^2}{w_{xy}^2(L)}\times\exp\left[-\frac{4x^2}{w_{xy}^2(L)}\right]\right\}^{1/2}\left\{\frac{A_x^2}{w_{xx}(L)}\exp\left[-\frac{2x^2}{w_{xx}^2(L)}\right]+\right.$$

$$\left.\frac{A_y^2}{w_{yy}(L)}\exp\left[-\frac{2x^2}{w_{yy}^2(L)}\right]\right\}^{-1} \tag{5.67}$$

由方程(5.67)可得矢量部分相干高斯轴上,即 $z=0$,偏振度可表示为:

$$\mathbb{P}(0,L)=\frac{\sqrt{\left[\dfrac{A_x^2}{w_{xx}(L)}-\dfrac{A_y^2}{w_{yy}(L)}\right]^2-\dfrac{4A_x^2A_y^2B_{xy}^2}{w_x^2(L)}}}{\dfrac{A_x^2}{w_{xx}(L)}+\dfrac{A_y^2}{w_{yy}(L)}} \tag{5.68}$$

图 5.16,图 5.17 给出了斜程路径情形下 $B_{xy}=0$,$B_{xy}=0.5$,矢量部分相干高斯光束经过大气湍流传输其偏振度随传输距离的变化曲线图。从图 5.16,图 5.17 可以看出,矢量部分相干高斯光束斜程路径情形下,在大气湍流中传输足够长的距离后,其偏振度会趋于一个稳定值,该值依赖于激光源参数。本章参考文献[31]研究结果表明:水平路径情形下,矢量部分相干高斯光束在大气湍流传输,其远场的偏振度与出发时的偏振度一样。斜程路径情形下和水平路径情形下两种结果有一定的差别。这是因为大气层的厚度只有 20 km 左右。在斜程传输时,大气折射率结构常数 C_n^2 随着离地距离的增加而快速变小,因此矢量部分相干高斯光束斜程传输时,大气湍流引起的偏振度的变化无法抵消相干性引起的偏振度的变化,其远场偏振度依赖于激光源的参数。

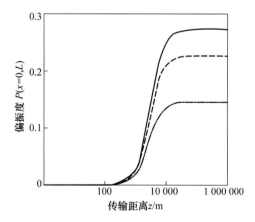

图 5.16　斜程路径情形下 $B_{xy}=0$,矢量部分相干高斯光束经过大气湍流传输其偏振度随传输距离的变化曲线

参数:$w_0=0.05$ m。$\sigma_{0xy}=0.02$ m,$\sigma_{0yy}=0.01$ m,$A_x^2=0.5$,$A_v^2=0.5$,$\zeta=\pi/6$。

实线:$\sigma_{0xy}=0.05$ m,虚线:$\sigma_{0xy}=0.04$ m;点虚线:$\sigma_{0xy}=0.03$ m。

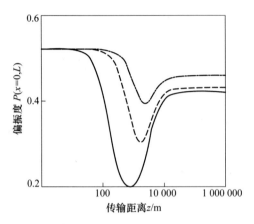

图 5.17 斜程路径情形下 $B_{xy}=0.5$,矢量部分相干高斯光束经

过大气湍流传输其偏振度随传输距离的变化曲线

仿真参数:$w_0=0.05$ m。$\sigma_{0xx}=\sigma_{0yy}=0.02$ m,$A_x^2=0.7,A_v^2=0.5$

$\zeta=\dfrac{\pi}{6}$。实线:$\sigma_{0xy}=0.001$ m,虚线:$\sigma_{0xy}=0.005$ m;点虚线:$\sigma_{0xy}=0.01$ m。

矢量部分相干光束的相干度可表示为[30]:

$$\mu(x_1,x_2,L)=\frac{\mathrm{Tr}\,\underline{W}(x_1,x_2,L)}{\sqrt{\mathrm{Tr}\,\underline{W}(x_1,x_1,L)\cdot\mathrm{Tr}\,\underline{W}(x_2,x_2,L)}}\qquad(5.69)$$

考虑两个对称点 $P_1(x,L)$ 和 $P_2(-x,L)$,相干度可写为:

$$\mu(x,-x,L)=\frac{\dfrac{A_x^2}{w_{xx}(L)}\exp(-F_{xx}x^2)+\dfrac{A_y^2}{w_{yy}(L)}\exp(-F_{yy}x^2)}{\dfrac{A_x^2}{w_{xx}(L)}\exp\left[-\dfrac{2x^2}{w_{xx}^2(L)}\right]+\dfrac{A_y^2}{w_{yy}(L)}\exp\left[-\dfrac{2x^2}{w_{yy}^2(L)}\right]}$$

$$(5.70)$$

其中

$$F_{ii}=4\left(\frac{1}{\rho_0^2}+\frac{1}{2w_0^2\hat{L}^2}\right)-\frac{2\left(\dfrac{w_0^2\hat{L}}{\rho_0^2}-\dfrac{1}{\hat{L}}\right)}{w_{ii}^2(L)},\ (i=x,y)\qquad(5.71)$$

图 5.18 给出不同传输距离,矢量部分相干高斯光束经过大气湍流传输,其相干度随 $\Delta\rho=2x$ 的变化曲线图。仿真参数为 $\lambda=1\,064$ nm,$w_0=0.05$ m,$\sigma_{0xx}=0.005$ m,$\sigma_{0yy}=0.02$ m,$A_x^2=A_v^2=0.5$,$\zeta=\pi/6$。如图 5.18 所示。矢量部分相干高斯光束通过大气湍流传输时,其相干度随着传输距离 z 的增加而增加,并迅速接近上界,该结果与水平传输[32]时的结果略

有不同。这是因为水平传输时,大气折射率结构常数是一个常数,而斜程传输其大气折射率结构常数随着离地距离的增加而快速衰减,同时大气层厚度只有 20 km 左右。因此,在斜程路径情形下,矢量部分相干高斯光束远场的相干度与激光源参数有关。

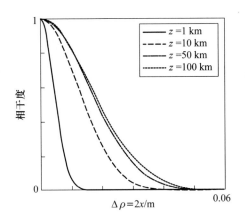

图 5.18　不同传输距离,矢量部分相干高斯光束经过大气湍流传输其相干度随 $\Delta\rho=2x$ 的变化曲线

　　本节研究了倾斜路径情形下矢量部分相干高斯光束在大气湍流中的传播特性,得到了与水平路径下不同的结果。结果表明,斜程传输,矢量部分相干高斯光束远场的偏振度、相干度与激光源参数有关。该研究成果在大气遥感和地面对卫星通信等方面具有潜在的应用价值。

5.3　光束漂移

　　当激光在大气介质中传输时,由于大气温度梯度的变化导致大气折射率发生随机扰动,湍流将光束作为一个整体发生随机偏折,在接收平面上,光斑的中心位置会以某个统计平均位置为中心,发生随机性的跳动,这就是光束漂移。接下来,我们以矢量部分相干高斯谢尔涡旋光束为例探讨大气湍流引起的光束漂移[33]。

　　假设一束矢量部分相干高斯谢尔涡旋光束经过大气湍流向前传输,其在源平面即 $z=0$ 处的交叉谱密度矩阵可表示为[30,33]:

$$W(r_1,r_2,o,\omega) = \begin{bmatrix} W_{xx}(r_1,r_2,0,\omega) & W_{xy}(r_1,r_2,0,\omega) \\ W_{yx}(r_1,r_2,0,\omega) & W_{yy}(r_1,r_2,0,\omega) \end{bmatrix} \quad (5.72)$$

其中

$$W_{ij}(r_1,r_2,0,\omega) = \langle E_l^*(r_1,o,\omega)E_j(r_2,o,\omega) \rangle, \quad (i,j=x,y) \quad (5.73)$$

E_x 和 E_y 是两个电场分量，$*$ 和 $\langle \cdot \rangle$ 分别表示复共轭和系综平均。r_1 和 r_2 是 $z=0$ 平面上的位置向量，ω 是频率。假设电场 E_x 和 E_y 不相关，则方程(5.72)可写成[34]：

$$W(r_1,r_2,\omega) = \begin{bmatrix} W_{xx}(r_1,r_2,0) & 0 \\ 0 & W_{yy}(r_1,r_2,0) \end{bmatrix} \quad (5.74)$$

方程(5.74)中的矩阵元可表示为[35]：

$$W_{ij}(r_1,r_2,0) = A_iA_jB_{ij}\left[r_{1x}r_{2x}+r_{1y}r_{2y}+\mathrm{isgn}(m)r_{1x}r_{2y}- \right.$$
$$\left. \mathrm{isgn}(m)r_{2x}r_{1y} \times \exp\left(-\frac{r_1^2+r_2^2}{w_0^2}\right) \times \exp\left(-\frac{(r_1+r_2)}{2\delta_{ij}^2}\right)\right] \quad (5.75)$$

其中 A_i 和 A_j 是电场矢量分量的振幅，w_0 为横向尺度，δ_{ij} 为相干长度，m 为拓扑电荷，$\mathrm{sgn}(m)$ 为符号函数，用来确定涡旋束顺时针还是逆时针方向旋转。δ_{ij} 表示相关系数，以及

$$B_{ij} = \begin{cases} 0, & i \neq j \\ 1, & i = j \end{cases}$$

当 $m=0$ 时，矢量部分相干高斯-谢尔涡旋光束就成为无螺旋相位结构的矢量部分相干高斯谢尔模型光束，为了便于计算，我们取 $m=1$，接收平面的互谱密度 $W_{ij}(\rho_1,\rho_2,z)$ 可表示为[35]：

$$W_{ij}(\rho_1,\rho_2,z) = A_iA_jB_{ij}\left(\frac{k}{2\pi z}\right)^2 \times \exp\left[-\frac{\mathrm{i}k}{2z}(\rho_1^2+\rho_2^2)-\frac{1}{\rho_0^2}(\rho_1-\rho_2)^2\right]$$
$$\times \iint \mathrm{d}^2u \iint \mathrm{d}^2v\left[\left(u^2-\frac{v^2}{4}\right)-\mathrm{i}(u_xv_y-u_yv_x)\right] \times \exp\left(-\frac{2}{w_0^2}u_x^2-\frac{2}{w_0^2}u_y^2\right)$$
$$\times \exp\left[-a_{ij}v_x^2-a_{ij}v_y^2\right] \times \exp\left[\frac{\mathrm{i}k}{z}(\rho_1-\rho_2)\cdot u\right] \times \exp\left[-\frac{\mathrm{i}k}{z}u\cdot v\right]$$
$$\times \exp\left[\frac{\mathrm{i}k}{2z}(\rho_1+\rho_2)\cdot v\right] \times \exp\left[-\frac{1}{\rho_0^2}(\rho_1-\rho_2)\cdot v\right] \quad (5.76)$$

$k=2\pi/\lambda$ 是波数，λ 是波长。当 $\rho_1=\rho_2=\rho=\sqrt{\rho_x^2+\rho_y^2}$，方程(5.76)可表示为：

$$W_{ij}(\rho,z) = A_i A_j B_{ij} \left(\frac{k}{2\pi z}\right)^2 \times \iint d^2 u \iint d^2 v \times$$

$$\left[\left(u^2 - \frac{v^2}{4}\right) - i(u_x v_y - u_y v_x)\right] \times \exp\left(-\frac{2}{w_0^2} u_x^2 - \frac{2}{w_0^2} u_y^2\right) \times$$

$$\exp(-a_{ij} v_x^2 - a_{ij} v_y^2) \times \exp\left(-\frac{ik}{z} u \cdot v\right) \qquad (5.77)$$

通过计算,可得:

$$W_{ij}(\rho,z) = \frac{A_i A_j B_{ij} k^2 w_0^2}{8z^2 f_{ij}} \times \exp\left(-\frac{k^2}{4z^2 f_{ij}}\rho^2\right)$$

$$\left[\frac{w_0^2}{2} - \frac{k^2 w_0^4 + 4z^2}{16z^2 f_{ij}} + \frac{k^2(k^2 w_0^4 + 4z^2)}{64z^4 f_{ij}^2}\rho^2\right] \qquad (5.78)$$

其中

$$a_{ij} = \frac{1}{2w_0^2} + \frac{1}{2\sigma_{ij}^2} + \frac{1}{\rho_0^2} \qquad (5.79)$$

$$f_{ij} = a_{ij} + \frac{k^2 w_0^2}{8z^2} \qquad (5.80)$$

$\rho_0(z) = (0.55 c_n^2 k^2 z)^{(-3/5)}$ 是通过湍流传播的球面波相干长度,c_n^2 代表描述大气湍流强度的折射率结构参数。因此,接收器处的平均强度表示为:

$$I(\rho,z) = W_{xx}(\rho,z) + W_{yy}(\rho,z) = \frac{A_x^2 k^2 w_0^2}{8z^2 f_{xx}} \times \exp\left(-\frac{k^2}{8z^2 f_{xx}}\rho^2\right) +$$

$$\frac{A_y k^2 w_0^2}{8z^2 f_{yy}} \times \exp\left(-\frac{k^2}{4z^2 f_{yy}}\rho^2\right) \times$$

$$\left[\frac{w_0^2}{2} - \frac{k^2 w_0^4 + 4z^2}{16z^2 f_{yy}} + \frac{k^2(k^2 w_0^4 + 4z^2)}{64z^4 f_{yy}^2}\rho^2\right] \qquad (5.81)$$

为了便于计算,我们可以假设涡旋光束是各向同性的。即 $\delta_{xx} = \delta_{yy}$,之后 $a_{xx} = a_{yy} = a$,$f_{xx} = f_{yy} = f$。平均强度可表示为:

$$I(\rho,z) = \frac{k^2 w_0^2}{8z^2 f} \times \exp\left(-\frac{k^2}{4z^2 f}\rho^2\right) \times \left[\frac{w_0^2}{2} - \frac{k^2 w_0^4 + 4z^2}{16z^2 f} + \right.$$

$$\left. \frac{k^2(k^2 w_0^4 + 4z^2)}{64z^4 f^2}\rho^2\right](A_x^2 + A_y^2) \qquad (5.82)$$

我们得到了在湍流存在下的长期光束宽度 $W_{LT}(z)$,它是由于短期光束在长时间内的运动而引起的长期光斑的半径。

$$W_{LT}(z) = \left[\frac{2\iint \rho^2 I(\rho,z) d^2\rho}{\iint I(\rho,z) d^2\rho}\right]^{1/2} \qquad (5.83)$$

将方程(5.82)代入方程(5.83),可得:

$$W_{LT}(z) = \left[\frac{8k^2 w_0^2 f + k^2 w_0^4 + 4z^2}{k^2 w_0^2} \right]^{1/2} \tag{5.84}$$

由长期束宽的表达式中可知,束宽与传输距离、波长、束腰宽度和湍流强度等参数有关。根据本章参考文献[36],矢量部分相干高斯谢尔涡旋光束的光束漂移可表示为:

$$\langle r_c^2 \rangle = 7.25 L^2 C_n^2 \int_0^L \left(1 - \frac{z}{L} \right)^2 W_{LT}(z)^{(-1/3)} \, dz \tag{5.85}$$

其中,L 是总传播路径长度,z 是截距点到 $z=0$ 处输入平面的距离。结果表明,矢量部分相干高斯谢尔涡旋光束的光束漂移随折射率结构常数、长期光束宽度和传输距离的变化而变化。

接下来,通过数值仿真的方法探讨矢量部分相干高斯谢尔涡旋光束的光束漂移。用归一化的无量纲量 $B_w = \langle r_c^2 \rangle / W_{LT}^2$ 来描述光束漂移。图5.19给出了拓扑荷为 $\pm 2, \pm 1, 0$ 时,矢量部分相干高斯谢尔涡旋光束的光束漂移随传输距离 L 的变化曲线。结果表明,具有正负拓扑电荷的随机矢量部分相干高斯谢尔涡旋光束具有相同的光束漂移,此外拓扑荷数 $|m|$ 越大,光束漂移越小。涡旋光束的螺旋相位结构使得其具有一定的抵抗大气湍流能力,螺旋相位越大这种能力就越强,产生的光束漂移就越小。

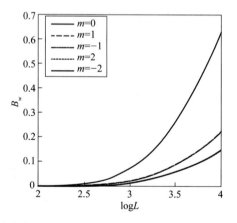

图5.19　不同拓扑电荷下矢量部分相干高斯谢尔涡旋光束的无量纲量 B_w 随传输距离的变化

参数为 $c_n^2 = 10^{-14} \, \text{m}^{-2/3}, w_0 = 0.025, \delta_{xx} = \delta_{yy} = 0.1$ 和 $\lambda = 1\,064 \, \text{nm}$

图 5.20 给出了不同拓扑电荷下矢量部分相干高斯谢尔涡旋光束无量纲量 B_w 随结构参数 c_n^2 的变化曲线图。结果表明,当湍流较弱时,光束漂移随湍流强度的增大而增大,在中等湍流强度时,光束漂移达到最大值,然后在湍流较强时随湍流强度的增大而减小[37]。

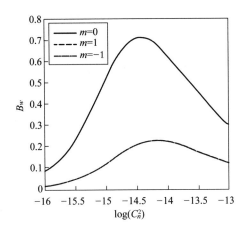

图 5.20　不同拓扑电荷下矢量部分相干高斯谢尔涡旋光束的无量纲量 B_w 与结

构参数 c_n^2 的关系

参数为 $L=10$ km,$w_0=0.025$,$\delta_{xx}=\delta_{yy}=0.1$ 和 $\lambda=1\,064$ nm

图 5.21 给出了不同相干长度下矢量部分相干高斯谢尔涡旋光束的无量纲量 B_w 随传输距离的变化曲线图。从图 5.21 可以看出,相干性越差的矢量部分相干高斯谢尔涡旋光束的光束漂移越小。从方程(5.85)可以看出,光束漂移与光束的束宽是成反比。由 5.2 节的结论可知,当其他参数一定时,相干性越差,在大气湍流中传输相同距离,光束越宽。因此相干长度越低的涡旋光束将会产生越小的光束漂移。同时,矢量部分相干高斯谢尔涡旋光束的光束漂移随着传输距离的增大,光束漂移也在增大。因此,在无线光通信中,可以通过适当减小涡旋光束的相干长度来降低其光束漂移,从而提高通信系统的系统性能。

图 5.22 给出了不同横向尺度下 EGSM 涡旋光束的无量纲量 B_w 随传输距离的变化图。从图 5.22 可以看出,光束束宽越小的矢量部分相干高斯-谢尔涡旋光束其光束漂移越小。因此,在无线光通信中,可以通过适当减小发射端激光光束的束宽,来抑制湍流引起的光束漂移。

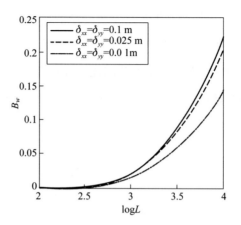

图 5.21　不同相干长度下矢量部分相干高斯谢尔涡旋光束的无量纲量 B_w 随
传输距离的变化

参数为 $c_n^2 = 10^{-14}\,\mathrm{m}^{-2/3}$，$w_0 = 0.025$，和 $\lambda = 1\,064\,\mathrm{nm}$

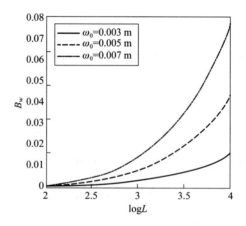

图 5.22　不同横向尺度下矢量部分相干高斯-谢尔涡旋光束的无量纲量 B_w
随传输距离的变化

参数为 $c_n^2 = 10^{-14}\,\mathrm{m}^{-2/3}$，$\delta_{xx} = \delta_{yy} = 0.1$ 和 $\lambda = 1\,064\,\mathrm{nm}$

　　图 5.23 给出了不同波长情形下矢量部分相干高斯-谢尔涡旋光束的
无量纲量 B_w 随传输距离的变化曲线图。结果表明，较小波长的 EGSM
涡旋光束可以产生较小的光束漂移。由于大波长的光束比小波长的光束
具有更强的衍射效应，因此会产生较大的光束漂移。因此，在 FSO 通信
中，可以选择波长较小的光束来减小光束漂移。

　　该小结研究矢量部分相干高斯-谢尔涡旋光束在大气湍流中传输时，

大气湍流引起的光束漂移。探讨了拓扑荷数、相干长度、束腰宽度、湍流强度以及波长对光束漂移的影响。分析结果表明拓扑荷数越大,相干长度越低,束腰宽度越小,波长越小的涡旋光束,其光束漂移越小。因此,在无线光通信中,我们可以通过改变激光束的相干长度,光束宽度和涡旋光束的拓扑荷等参数来抑制湍流引起的光束漂移,从而提升通信系统的系统性能。

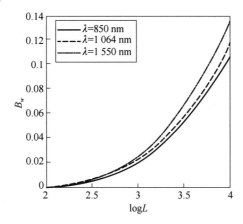

图 5.23　不同波长情形下矢量部分相干高斯-谢尔涡旋光束的无量纲量 B_w 随
传输距离的变化

参数为 $C_n^2 = 10^{-13}\,\mathrm{m}^{-2/3}$, $\delta_{xx} = \delta_{yy} = 0.1$ 和 $\omega_0 = 0.025\,\mathrm{m}$

5.4　光束质量

在激光的实际工程应用中,除了对激光输出功率和能量有要求外,光束质量也是一个非常重要的指标。M^2 因子是评价光束质量的一个重要物理量。20 世纪 90 年代,Siegman[38] 对 M^2 因子提出完整的理论。激光束的 M^2 因子在自由空间中传输会保持不变,但是在大气湍流中传输,其 M^2 因子会随着传输距离发生变化,这与自由空间的情形有较大的不同。下面以部分相干 Hermite-Gauss 光束为例,探讨其在大气湍流中传输时光束质量的变化情况[39]。

假设部分相干 Hermite-Gauss 光束通过大气湍流传输到 $z > 0$ 的半空间,其交叉谱密度函数可以表示为[10]:

$$W^{(0)}(x_1', x_2', 0) = H_m\left(\frac{\sqrt{2}x_1'}{w_0}\right)H_m\left(\frac{\sqrt{2}x_2'}{w_0}\right)$$

$$\exp\left(-\frac{x_1'^2 + x_2'^2}{w_0^2}\right)\exp\left[-\frac{(x_1' - x_2')^2}{2\sigma_0^2}\right] \tag{5.86}$$

其中，w_0 和 σ_0 分别是腰宽和相干长度，$H_m(\cdot)$ 表示 m 阶 Hermite 多项式。PCHM 光束的平均强度服从扩展的惠更斯-菲涅耳原理，可表示为[7,21]：

$$I(x,z) = \frac{1}{\lambda z}\iint dx_1' dx_2' W(x_1', x_2', 0)$$

$$\exp\left\{\frac{ik}{2z}\left[(x - x_1')^2 - (x - x_2')^2\right]\right\}$$

$$\langle\exp\left[\Psi(x, x_1') + \Psi^*(x, x_2')\right]\rangle \tag{5.87}$$

式中，$k = 2\pi/\lambda$ 是波数，$\langle\rangle$ 表示湍流大气系综的平均值，可表示为[7]：

$$\langle\exp\left[\Psi^*(x, x_1') + \Psi(x, x_2')\right]\rangle =$$

$$\exp\left\{-4\pi^2 k^2 z \int_0^1\int_0^\infty k\Phi_n(k)\left[1 - J_0(k\xi|x_2' - x_1'|)\right]d_k d_\xi\right\} \tag{5.88}$$

光束宽度的二阶矩定义为[38]：

$$\langle x^2\rangle = \frac{\int x^2 I(x,z)dx}{\int I(x,z)dx} \tag{5.89}$$

将方程(5.86)至方程(5.88)，代入方程(5.89)，并利用积分公式：

$$\int\exp(-x^2)H_m(x + z)dx = 2^m\sqrt{\pi}L_m(-2yz) \tag{5.90}$$

$$\int x^2\exp(-2i\pi xs)ds = -\frac{1}{(2\pi)^2}\xi''(s) \tag{5.91}$$

可得：

$$\langle x^2\rangle = \frac{1 + 2m}{4}w_0^2 + \left(\frac{2m + 1}{w_0^2} + \frac{1}{\sigma_0^2}\right)\frac{z^2}{k^2} + \frac{2z^3}{3}T \tag{5.92}$$

其中

$$T = \pi^2\int_0^\infty K^3\Phi_n(k)dk \tag{5.93}$$

部分相干光束在湍流中的二阶矩 $\langle x^2\rangle$，$\langle\theta^2\rangle$ 和 $\langle x\theta\rangle$ 可以表示为[40]：

$$\langle x^2\rangle = \langle x^2\rangle_0 + 2\langle x\theta\rangle_0 z + \langle\theta^2\rangle_0 z^2 + \frac{2}{3}Tz^3 \tag{5.94}$$

$$\langle \theta^2 \rangle = \langle \theta^2 \rangle_0 + 2Tz \tag{5.95}$$

$$\langle x\theta \rangle = \langle x\theta \rangle_0 + \langle \theta^2 \rangle_0 + Tz^2 \tag{5.96}$$

因此,可得:

$$\langle x^2 \rangle_0 = \frac{1+2m}{4} w_0^2 \tag{5.97}$$

$$\langle \theta^2 \rangle_0 = \left(\frac{1+2m}{w_0^2} + \frac{1}{\sigma_0^2} \right) \frac{1}{k^2} \tag{5.98}$$

$$\langle x\theta \rangle_0 = 0 \tag{5.99}$$

我们得到部分相干 Hermite-Gauss 光束在大气湍流中传输的二阶矩,可表示为:

$$\langle x^2 \rangle = \frac{1+2m}{4} w_0^2 + \left(\frac{2m+1}{w_0^2} + \frac{1}{\sigma_0^2} \right) \frac{1}{k^2} + \frac{2}{3} Tz^3 \tag{5.100}$$

$$\langle \theta^2 \rangle = \left(\frac{1+2m}{w_0^2} + \frac{1}{\sigma_0^2} \right) \frac{1}{k^2} + 2Tz \tag{5.101}$$

$$\langle x\theta \rangle = \left(\frac{1+2m}{w_0^2} + \frac{1}{\sigma_0^2} \right) \frac{z}{k^2} + Tz^2 \tag{5.102}$$

采用 non-Kolmogorov 大气湍流模型[41]:

$$\Phi(k,\alpha) = A(\alpha) \cdot \tilde{c}_n^2 \frac{\exp\left(-\frac{k^2}{k_m^2} \right)}{(k^2 + k_0^2)^{\frac{\alpha}{2}}}, 0 \leqslant k \leqslant \infty, 3 < \alpha < 4 \tag{5.103}$$

其中,$k_0 = 2\pi/L_0$ 和 $k_m = c(\alpha)/I_0$ 的 L_0 和 I_0 分别是外部尺度参数和内部尺度参数。$A(\alpha) = 1/4 \pi^2 \cdot \Gamma(\alpha - 1) \cdot \cos(\alpha\pi/2)$ 和 $c(\alpha) = \left[\Gamma((5-\alpha)/2) \cdot A(\alpha) \cdot \frac{2}{3} \pi \right]^{1/(\alpha-5)}$。$\alpha$ 的范围基于物理学,$\alpha = 3$ 导致零光谱,$\alpha = 4$ 表示有限强度波动[41]。将方程(5.103)代入(5.93),可得:

$$T = \frac{\pi^2 A(\alpha) \tilde{c}_n^2}{2(\alpha-2)} \left\{ \exp\left(\frac{k_0^2}{k_m^2} \right) k_m^{2-\alpha} \left[2 k_0^2 + k_m^2 (\alpha-2) \right] \Gamma\left(2 - \frac{\alpha}{2} \cdot \frac{k_0^2}{k_m^2} \right) - 2 k_0^{4-\alpha} \right\} \tag{5.104}$$

因此,部分相干 Hermite-Gauss 光束通过大气湍流的 M^2 因子可以表示为:

$$M^2 = 2k \left[\langle x^2 \rangle \langle \theta^2 \rangle - \langle x\theta \rangle^2 \right]^{\frac{1}{2}} = 2k \left\{ \left[\frac{1+2m}{4} w_0^2 + \left(\frac{1+2m}{w_0^2} + \frac{1}{\sigma_0^2} \right) \frac{1}{k^2} + \frac{2}{3} Tz^3 \right] \right.$$

$$\left. \times \left[\left(\frac{1+2m}{w_0^2} + \frac{1}{\sigma_0^2} \right) \frac{1}{k^2} + 2Tz \right] - \left[\left(\frac{1+2m}{w_0^2} + \frac{1}{\sigma_0^2} \right) \frac{z}{k^2} + Tz^2 \right]^2 \right\}^{1/2}$$

$$\tag{5.105}$$

方程(5.105)是本小节得到的主要结果,它给出了部分相干 Hermite-Gauss 光束通过 non-Kolmogorov 湍流光束质量的解析表达式。

图 5.24 给出了不同 α 情形下,M^2 因子随着传输距离变化曲线图。仿真参数为 $w_0=0.02$ m,$\sigma=0.01$ m,$\tilde{c}_n^2=7\times10-14$ m$^{\alpha+3}$,$\lambda=1\,550$ nm,$m=1$,$L_0=10$ m,$l_0=0.01$ m。如图 5.24 所示,在大气湍流中传输时,部分相干 Hermite-Gauss 光束在 non-Kolmogorov 湍流中传输时,其 M^2 因子随传输距离 z 的增加而增大,这与自由空间的特性不同。众所周知,M^2 因子在自由空间中传播时保持不变。对于高斯光束在自由空间中传播的情况,M^2 因子始终大于等于 1[42]。当传输距离 z 固定时,M^2 因子对于不同的 α 有不同的值。

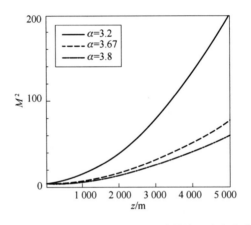

图 5.24　不同 α 情形下,M^2 因子随着传输距离变化曲线

图 5.25 给出了 $z=5\,000$ m,不同阶数 m 情形下,M^2 因子随着 α 变化曲线图。其他参数与图 5.24 相同。从图 5.25 中可以看出,部分相干 Hermite-Gauss 光束通过 non-Kolmogorov 大气湍流时 M^2 因子随 α 的增大而增大,直至达到最大值,然后组逐渐减小。当传输距离 $z=5\,000$ m 时,m 阶数较大的部分相干 Hermite-Gauss 光束的 M^2 因子始终较大。也就是说,阶数 m 较大部分相干 Hermite-Gauss 光束受远场大气湍流的影响较小,在长距离自由空间光通信中具有潜在的应用[43]。

图 5.26 给出了不同相干性情形下,M^2 因子随着传输距离 z 变化曲线图。仿真参数为 $m=1$,$\alpha=3.8$,其他参数与图 5.24 相同。从图 5.26 可以看出,部分相干 Hermite-Gauss 光束在 non-Kolmogorov 大气湍流中传输时,其 M^2 因子

随着相干性的变好而增大。也就是说,空间部分相干光束受大气湍流的影响较小,可以提高自由空间光通信系统的性能。图 5.27 给出了不同波长情形下, M^2 因子随着传输距离 z 变化曲线图。其他参数与图 5.25 相同。如图 5.27 所示,当光束通过大气湍流传输时,波长较长的激光束会有更好的光束质量。这是因为在更高的波长上,光束展宽会更少[44]。图 5.28 给出了不同外尺度(a)和不同内尺度(b)情形下, M^2 因子随着传输的变化曲线图。其他参数为 $w_0 = 0.02$ m, $\sigma = 0.01$ m, $\tilde{c}_n^2 = 7 \times 10-14$ m^{a+3}, $\lambda = 850$ nm, $m = 1$。(a) $l_0 = 0.01$ m,(b) $L_0 = 10$ m。如图 5.28 所示,当传输距离固定时,部分相干 Hermite-Gauss 光束的 M^2 因子随着外尺度的增大而增大,随着内尺度的减小而减小。这是因为这是因为外尺度 L_0 构成了惯性范围的上限,内标度 l_0 构成了惯性范围的下限。外尺度的增大,内尺度的减小等效于湍流强度的增大。湍流强度的增加会导致光束质量变差。

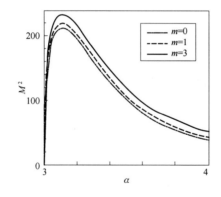

图 5.25 不同阶数 m 情形下,传输距

离 $z = 5\,000$ m 处, M^2 因子随着 α 变化曲线

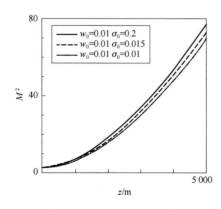

图 5.26 不同相干性情形下, M^2 因子随着传输距离 z 变化曲线

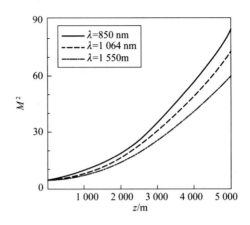

图 5.27 不同波长情形下，M^2 因子随着传输距离 z 变化曲线

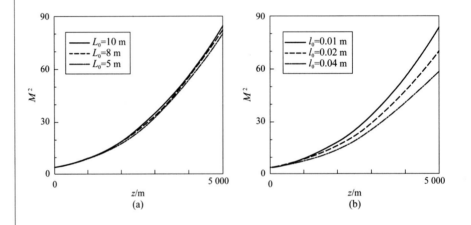

图 5.28 不同外尺度(a)和不同内尺度(b)情形下，M^2 因子随着传输的变化曲线

本小节研究部分相干 Hermite-Gauss 光束在 non-Kolmogorov 湍流中传输时，光束质量因子随着激光源参数，传输距离以及大气湍流参数的变化规律。研究结果为远距离无线光通信提供理论基础。

本章参考文献

[1] Wu Guohua, Luo Bin, Yu Song, et al. Effects of coherence and polarization on the beam spreading and direction through

atmospheric turbulence. Opt. Commun，2011，284：4275.

［2］ Wu G，Lou Q，Zhou J，et al. Beam conditions for radiation generated by an electromagnetic J0-correlated Schell-model source，Opt. Lett，2008，33，2677.

［3］ Roychowadhury H，Ponomarenko S A，Wolf E. Change in the polarization of partially coherent electromagnetic beams propagating through the turbulent atmosphere，J. Mod. Opt，2005，52，1611.

［4］ Korotkova O，Wolf E. Beam criteria for propagation of electromagnetic beams in the turbulent atmosphere，Opt. Commun，2008，281，948.

［5］ Pu J，Korotkova O，Wolf E. Polarization-induced spectral changes on propagation of stochastic electromagnetic beams，Phys. Rev，2007，E 75，056610.

［6］ Al-Qasimi A，Korotkova O，James D，et al. Definitions of the degree of polarization of a light beam，Opt. Lett，2007，32，1015.

［7］ Andrews L C，Phillips R L. Laser Beam Propagation through Random Media，SPIE Press，Bellingham，Wash.，2005.

［8］ Tatarskii V I. The Effects of the Turbulent Atmosphere on Wave Propagation，Israel Program for Scientific Translations，Jerusalem，1971.

［9］ Shirai T，Dogariu A，Wolf E. Mode analysis of spreading of partially coherent beams propagating through atmospheric turbulence，J. Opt. Soc. Am，2003，A 20，1094.

［10］ Ji X，Chen X，Lü B. Spreading and directionality of partially coherent Hermite-Gaussian beams propagating through atmospheric turbulence，J. Opt. Soc. Am，2008，A 25，21.

［11］ Korotkova O，Wolf E. Beam criterion for atmospheric propagation，Opt. Lett，2007，32，2137.

［12］ One of the authors Guohua Wu is debted to Professor Emil Wolf and Dr. Tomohiro Shirai for helpful discussions on the definition of θsp in atmospheric turbulence.

[13] Tervo J, Setala T, Friberg A T. Theory of partially coherent electromagnetic fields in the space-frequency domain, J Opt. Soc, 2004. Am A 21, 2205.

[14] Shirai T, Dogariu A, Wolf E. Directionality of Gaussian Schell-model beams propagating in atmospheric turbulence, Opt. Lett, 2003, 28, 610.

[15] Wu Guohua, Guo Hong, Yu Song, et al. Spreading and direction of Gaussina-Schell model beam through a non-Kolmogorov turbulence. Opt. Lett, 2010, 35, 715.

[16] Wu Guohua, Luo Bin, Yu Song, et al. Spreading of partially coherent Hermite-Gaussian beams through a non-Kolmogorov turbulence. Optik, 2011, 122, 2029-2033.

[17] Wu Guohua, Luo Bin, Yu Song, et al. The propagation of electromagnetic Gaussian-Schell model beams through atmospheric turbulence in a slanted path, J. Opt, 2011, 13, 035706.

[18] Leader J C. Intensity fluctuations resulting from partially coherent light propagation through atmospheric turbulence, J. Opt. Soc. Am., 1979, 69, 73-84.

[19] Berman G P, Bishop A R, Chernobrod B M, et al. Opt. Commun, 2007, 280, 264.

[20] Qiu Y, Guo H, Chen Z. Paraxial propagation of partially coherent Hermite-Gauss beam, Opt. Commun, 2005, 245,21-26.

[21] Ricklin J C, Davidson F M. Atmospheric turbulence effects on a partially coherent Gaussian beam: implications for free-space laser communication, J. Opt. Soc. Am, 2002, A 19, 1794-1802.

[22] Tatarskii V I. The Effects of the Turbulent Atmosphere on Wave

Propagation, Israel Program for Scientific Translations, Jerusalem, 1971.

[23] Collett E, Wolf E. Is complete spatial coherence necessary for the generation of highly directional light beams? Opt. Lett, 1978, 2, 27-29.

[24] Roychowadhury H, Ponomarenko S A, Wolf E. 2005 Change in the polarization of partially coherent electromagnetic beams propagating through the turbulent atmosphere J. Mod. Opt, 2005, 52 1611-8.

[25] Korotkova O, Wolf E. 2008 Beam criteria for propagation of electromagnetic beams in the turbulent atmosphere Opt. Commun, 2008, 281 948-52.

[26] Shirai T 2005 Polarization properties of a class of electromagnetic Gaussian Schell-model beams which have the same far-zone intensity distribution as a fully coherent laser beam Opt. Commun, 2005, 256 197-209.

[27] Chu X, Liu Z, Wu Y. 2008 Propagation of a general multi-Gaussian beam in turbulent atmosphere in a slant path J. Opt. Soc. Am. 2008, A 25 74-9.

[28] Chu X, Zhou G. 2007 Power coupling of a two-Cassegrain-telescopes system in turbulent atmosphere in a slant path Opt. Express 15, 2007, 7697-707.

[29] ITU-R Document 3J/31-E 2001 On propagation data and prediction methods required for the design of space-toearth and earth-to-space optical communication systems Radio-Communication Study Group Mtg (Budapest).

[30] Wolf E. 2003 Unified theory of coherence and polarization of random electromagnetic beams Phys. Lett, 2003, A 312 263-7.

[31] Korotkova O, Salem M, Wolf E. 2004 The far-zone behavior of

the degree of polarization of electromagnetic beams propagating through atmospheric turbulence Opt. Commun, 2004, 233 225-30.

[32] Lu W, Liu L, Sun J, et al. 2008 Change in degree of coherence of partially coherent electromagnetic beams propagating through atmospheric turbulence Opt. Commun, 2008, 271,1-8.

[33] Wu Guohua, Dai Wen, Hua Tang, et al. Beam wander of random electromagnetic Gaussia-Schell model vortex beams propagating through a Kolmogorov turbulence, Opt. Commun, 2015, 336, 55-58.

[34] Roychowadhury H, Ponomarenko S A, Wolf E, et al. Opt, 2005. 52, 1611.

[35] Li J, Ding C, Lü B. Appl. Phys, 2011, B103, 245.

[36] Yu S, Chen Z, Wang T, et al. Beam wander of electromagnetic Gaussian-Schell model beams propagating in atmospheric turbulence[J]. Applied Optics, 2012, 51(31): 7581-7585.

[37] Berman G P, Chumak A A, Gorshkov V N. Beam wandering in the atmosphere: the effect of partial coherence [J]. Physical Review E Statistical Nonlinear & Soft Matter Physics, 2007, 76 (5Pt2):168-206.

[38] Siegman A E. New developments in laser resonators, Proc. SPIE, 1990, 1224, 2-14.

[39] Wu Guohua, Zhao Tonggang, Ren Jianhua, et al. Beam propagation factor of partially coherent Hermite-Gaussian beams through non-Kolmogorov turbulence, Opt. & Laser Technol, 2011, 43, 1225-1228.

[40] Dan YQ, Zhang B. Second moments of partially coherent beams in atmospheric turbulence. Opt Lett, 2009, 34:563-5.

[41] Toselli I, Andrews LC, Phillips RL. Ferreroa Valter. Scintillation

index of optical plane wave propagating through non-Kolmogorov moderate-strong turbulence. SPIE, 2007, 6747:67470B-1.

[42] Deng D. Generalized M2-factor of hollow Gaussian beams through a hard-edge circular aperture. Phys Lett A, 2005, 341:352-6.

[43] Yuan YS, Cai YJ, Qu J, et al. Propagation factors of Hermite-Gaussian beams in turbulent atmosphere. Opt Laser Technol, 2010, 42:1344-8.

[44] Eyyubo glu HT, Altay S, Baykai Y. Propagation characteristics of higher-order annular Gaussian beams in atmospheric turbulence. Opt Commun, 2006, 264:25-34.

第6章

应用实例——鬼成像

鬼成像开辟了非局域光学探测的新领域。传统成像涉及光强的一阶统计特性。每次发射一个光子,探测器记录光强的大小,再现物体的信息。与传统光学成像不同,鬼成像每次必须发射两个关联的光子,分别经过不同物臂和参考臂两个不同的路径,然后利用关联算法恢复物体的信息。物臂主要是利用无空间分辨率的点探测器来收集物体的光信息。参考臂放在本地,并不接触待测物体,而将一个可进行空间分辨的探测器置于像平面(该平面与物平面关于光源平面对称),测量光场的空间分布。两路探测器的输出进行关联运算,重构出物体的信息。鬼成像所获得的图像信息是来源于二阶强度关联运算。

6.1 国内外动态

早在 1988 年,苏联莫斯科国立大学的 D. N. Klyshko 提出了鬼成像的理论设想[1]。1994 年俄罗斯 A. V. Belinskii 和 D. N. Klyshko 利用自发参量下转换纠缠光子对的性质,提出了第一个具体的鬼成像理论方案[2]。1995 年,美国马里兰大学巴尔的摩分校 T. B. Pittman 和史砚华等人利用自发参量下转换产生的纠缠光子对首次实现了基于双光子纠缠源的量子关联成像原理验证实验[3]。1996 年,T. B. Pittman 等人也从几何光学的角度阐述了双光子的纠缠特性以及量子关联成像的原理[4]。由于首次实验验证是通过自发参量下转换产生的纠缠光子来实现的,鬼成像现象被很自然地认为是量子纠缠的特性所致。2001 年,美国波士顿大学 A. F. Abouraddy 等人认为量子纠缠的非定域关联特性是实现鬼成像不可或缺的条件[4]。2002 年,美国罗彻斯特大学 R. S. Bennink,R. W. Boyd 等人对激光束进行时域斩波,构造出基于经典激光源的脉冲响应关联,进而利用经典光源实现了鬼成像[5]。在 2004 年,意大利英苏布里亚大学 A. Gatti,L. A. Lugiato 等人从理论上证实了经典热光源实现鬼成像的可能性[6],并预测了量子鬼成像在成像可见度方面的潜在优势[7]。中国科学院上海光学精密机械研究所程静、韩申生提出使用经典非相干的 X 光实现关联成像的理论方案并预测了 X 光鬼成像的应用前景[8];香港浸会大学蔡阳健、朱诗尧也提出了利用部分相干光实现鬼成像的方案[9]。2005 年,美国马里兰大学巴尔的摩分校 A. Valencia,史砚华等人应用激光经旋转毛玻璃散射产生的赝热光源,实验验证了利用经典光源也能进行鬼成像[10],鉴于热光源的易获取性,现如今已成为鬼成像实验普遍使用的光源。中国科学院物理所吴令安小组利用空心阴极灯所产生的热光实现了首例真热光鬼成像实验[11]。2006 年美国斯坦福大学 D. L. Donoho 在文章"Compressive Sensing"中提出压缩感知技术[12]。同时,美国加州理工学院 E. J. Candès 与美国加州大学陶哲轩等人也做了一系列研究验证其理论收敛性[13],为压缩感知理论奠定坚实的基础。2006 年,G. Scarcelli 等人首次实现了无须透镜的赝热光鬼成像实验[14]。2008 年,美国麻省理工学院 J. H. Shapiro 基于高斯态光源的假设给出了解释热光关联成像和纠缠光鬼成像的一般性理论框架[15]。关于鬼成像究竟是量子还是经典范畴的争论一直没有停止。2012 年,经典诠释和量子诠释的代表人物 fenbie 在《Quantum Information Processing》上发表名为《The physics of ghost imaging》的评论文章[16,17]。

虽然关于鬼成像的物理基础一直争论不休,但是鬼成像技术本身所具备的一些潜在优势,如超衍射极限分辨率、非视域和抗扰动成像,吸引了学界的广泛关注和深入研究。鬼成像技术应用相关研究取得了迅猛发展。

2008 年，美国陆军实验室 R. Meyers 等人首次实现反射式目标的鬼成像实验[18]，该实验的成功为鬼成像在遥感遥测的应用铺平了道路。同年，美国麻省理工学院的 J. H. Shapiro 提出了计算鬼成像方案，仅用一个点探测器即可实现鬼成像，进一步拓展了鬼成像的应用领域[19]。几乎同时，美国莱斯大学的 M. F. Duarte 等人首次完成了基于压缩感知的单像素成像相机[20]。紧随其后，同实验室的 W. L. Chan 等人首次实现了太赫兹波段的压缩感知计算鬼成像实验[21]。2009 年，以色列茨曼科学研究所的 Y. Bromberg 等人将压缩感知和计算鬼成像结合起来，大大降低了鬼成像图像恢复所需的采样次数，同时为解决鬼成像成像时间较长提供了新思路[22]。2011 年，美国 Rochester 大学的 J. C. Howell 等人采用激光脉冲测量传播方向的信息，结合常规鬼成像的二维图像恢复，首次实现了无须扫描的三维鬼成像[23]。2011 年，美国陆军实验室 R. E. Meyers 等人首次报道了鬼成像对大气湍流随机相位起伏的不敏感，证实了鬼成像相较于传统成像对信道起伏的鲁棒性[24]。2011 年，中国科学院上海光学精密机械研究所的韩申生等人首次实现了基于稀疏约束的压缩感知鬼成像雷达实验，该实验极大地推进了鬼成像技术的实用化进程[25]。2013 年，英国格拉斯大学的 M. J. Padgett 等人利用快速数字微镜期间将调制光场投影到三维物体上，首次实现了单像素三位计算鬼成像实验[26]。2016 年，中科院上海光学精密机械研究所韩申生组实现了硬 X 光傅里叶域鬼成像实验[27]。几乎同时，澳大利亚皇家墨尔本理工大学的 D. Pelliccia 等人实现了实空间域的 X 光鬼成像实验[28]。2016 年，中科院上海光学精密机械研究所韩申生组首次实现了被动鬼成像光谱相机的原理验证实验[29]。2018 年，中科院物理所的吴令安小组首次在实验平台上实现了对易损阳平的 X 光鬼成像实验，该实验减少了成像所需的辐射剂量，有助于降低 X 光成像的成本[30]。

在空间域的鬼成像快速发展的同时，时间域的鬼成像也紧随其后提出，并得到了实验验证。2012 年，T. Shirai 和 A. T. Friberg 等人提出了时域鬼成像的概念[31]。2013 年，上海交通大学的曾贵华小组利用混沌激光进行了时域鬼成像的仿真实验验证[32]。2016 年,芬兰大学的 G. Genty 小组首次实现了时域鬼成像实验[33]。

6.2　部分相干光鬼成像的原理

　　如图 6.1 所示为部分相干光鬼成像实验原理图,激光器产生的完全相干光经过一个旋转毛玻璃调制后变成部分相干光,也称之为赝热光,然后经过分束器变成两束。其中一束照射到物体上,称之为信号臂或物臂,被一个没有空间分辨率的点探测器接收;另外一束(参考臂)不接触物体,用一个具有空间分辨率的探测器来测量其光场的空间分布。最后将双臂探测器的输出进行关联运算,得到物体的空间信息。

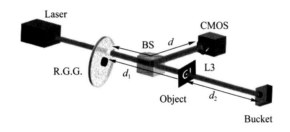

图 6.1　部分相干光鬼成像实验原理图

　　假设物臂和参考臂的光场分布分别为 $E_t(x_t)$ 和 $E_r(x_r)$。探测器 CMOS 记录参考臂的光强分布,桶探测器(Bucket)记录物臂透射或者反射成像物体的总光强。CMOS 和桶探测器的关联函数 $G_2(x_r,x_t)$ 和光强的二阶关联函数的关系如下:

$$G^{(2,2)}(x_r,x_t)=\langle I(x_r)I(x_t)\rangle \tag{6.1}$$

其中〈…〉表示系综平均。参考臂和物臂的关联函数又可以写为:

$$G^{(2,2)}(x_r,x_t)=\langle E(x_r)E^*(x_r)E(x_t)E^*(x_t)\rangle \tag{6.2}$$

其中 $E(x_t)$ 为物臂探测器的光场分布,$E(x_r)$ 为参考臂探测器的广场分布。光源处(毛玻璃后表面)分别经过物臂和参考臂光路系统后的光场可表示为:

$$E_k(x_k) = \int \mathrm{d}x E(x) h_k(x, x_k) \tag{6.3}$$

$h_t(x, x_t)$ 和 $h_t(x, x_t)$ 分别为物臂和参考臂的冲击响应函数。将方程(6.3)带入关联函数方程(6.2)中可得：

$$G^{(2,2)}(x_r, x_t) = \int \mathrm{d}x_1 \mathrm{d}x'_1 \mathrm{d}x_2 \mathrm{d}x'_2 G^{(2,2)}(x_1, x'_1, x_2, x'_2) \times$$
$$h_r(x_1, x_k) h_r^*(x_1, x_k) h_t(x_2, x_t) h_t^*(x_2, x_t) \tag{6.4}$$

其中，

$$G^{(2,2)}(x_1, x'_1, x_2, x'_2) = \langle E(x_1) E^*(x'_1) E(x_2) E^*(x'_2) \rangle \tag{6.5}$$

是光源处光场的四阶相关函数。对于实际环境中遇到的赝热光源都满足静态以及各态历经，又满足高斯随机过程，则：

$$G^{(2,2)}(x_1, x'_1, x_2, x'_2) = G^{(1,1)}(x_1, x'_1) G^{(1,1)}(x_2, x'_2) +$$
$$G^{(1,1)}(x_1, x'_2) G^{(1,1)}(x_2, x'_1) + \cdots\cdots \tag{6.6}$$

其中 $G^{(1,1)}(x_i, x'_j)$ 是光场的二阶关联函数。

$$G^{(1,1)}(x_i, x'_j) = \langle E(x_i) E^*(x'_j) \rangle \tag{6.7}$$

因此，光强的二阶关联函数可以重新写为：

$$G^{(2,2)}(x_r, x_t) = \langle I(x_r) I(x_t) \rangle +$$
$$\left| \int \mathrm{d}x_1 \mathrm{d}x'_2 G^{(1,1)}(x_1, x'_2) h_r(x_1, x_r) h_t^*(x_1, x_t) \right|^2 \tag{6.8}$$

物臂和参考臂探测器处光强的强度涨落分别可表示为：

$$\Delta I_k(x_k) = I_k(x_k) - \langle I_k(x_k) \rangle \tag{6.9}$$

因此物臂和参考臂光强涨落的相关函数可表示为：

$$G^{(2,2)}(x_r, x_t) = \langle I_r(x_r) \rangle \langle I_t(x_t) \rangle + \langle \Delta I_r(x_r) \rangle \langle \Delta I_t(x_t) \rangle \tag{6.10}$$

归一化后的二阶相关函数可表示为：

$$G^{(2,2)}(x_r, x_t) = 1 + \frac{\langle \Delta I_r(x_r) \rangle \langle \Delta I_t(x_t) \rangle}{\langle I_r(x_r) \rangle \langle I_t(x_t) \rangle} \tag{6.11}$$

如果将其拓展到二维平面，则可以利用探测器平面上各点的二阶关联函数来恢复物体的空间信息。

前面讨论的是自由空间或者经过理想光学系统的鬼成像理论基础。下面重点讨论大气环境中的鬼成像。由方程(6.3)可知，物臂探测面处的光强（二维平面）可表示为：

$$E_t(x_t) = \int dx d\xi E_s(x) h_1(\xi, x) t(\xi, x_t) \qquad (6.12)$$

其中 $E_s(x)$ 是光源场分布，$h_1(\xi, x_t)$ 是脉冲响应函数，$t(\xi)$ 为物体反射函数或者透射函数。

根据扩展的惠更斯-菲涅尔定理，

$$h_1(\xi, x) = \frac{1}{\sqrt{i\lambda d}} \exp\left[\frac{ik}{2d}(x-\xi)^2 + \Psi_1(x, \xi)\right] \qquad (6.13)$$

其中 $\Psi_1(x, \xi)$ 为传输路径上大气湍流引起的随机相位扰动[34]。因此，两臂光强二阶关联函数可表示为：

$$
\begin{aligned}
G^{(2,2)}(x_r, x_t) &= \langle I_r(x_r) I_t(x_t) \rangle - \langle I_r(x_r) \rangle \langle I_t(x_t) \rangle \\
&= \int dx dx' dx'' dx''' d\xi d\xi' \langle E_s(x) E_s^*(x''') \rangle \langle E_s(x') E_s^*(x'') \rangle \times \\
&\quad \langle h_1(\xi, x) h_1^*(\xi', x') \rangle \langle h_2(\xi, x_t) h_2^*(\xi', x_t) \rangle t(\xi) t(\xi')
\end{aligned}
$$

$$(6.14)$$

$I_r(x_r), I_t(x_t)$ 分别为两臂探测器上的强度。

光源处的赝热光光场的相关函数可表示为：

$$\langle E_s(x) E_s^*(x') \rangle = I_0 \exp\left(-\frac{x^2 + x'^2}{w_0^2}\right) \exp\left[-\frac{(x-x')^2}{\sigma_0^2}\right] \qquad (6.15)$$

其中 w_0 为部分相干光（赝热光）的束腰宽度，σ_0 为部分相干光的横向相干长度。由湍流引起的相位随机扰动的统计平均可以表示为[34]：

$$
\begin{aligned}
&\langle \exp[\Psi_i(x, \xi) + \Psi_i^*(x', \xi')] \rangle \\
&\approx \exp\left\{-\frac{1}{\rho_0^2}\left[(x-x')^2 + (x-x')(\xi-\xi') + (\xi-\xi')^2\right]\right\}
\end{aligned} \qquad (6.16)
$$

其中 $\rho_0 = (0.545 C_n^2 k^2 d_i)^{-3/5}$ 表示大气湍流介质中球面波的相干长度。

6.3　大气湍流中鬼成像的原理

在上一小节内容中，我们介绍了关联成像中常见的部分相干光光源——赝热光源其理论模型：GSM 模型。之后通过杨氏双缝干涉实验和 HBT 强度干涉实验引入了关联成像，并在其后介绍了赝热光关联成像实验的原理。在这一部分，我们通过讨论大气湍流条件下的关联成像实验，给出了光源偏振度、相干长度和大气湍流长度在成像可见度和分辨率两方面对关联成像的影响。

高斯谢尔模型（GSM）光束的光强分布和关联函数可以写作：

$$\Gamma_{ij}^{s}(r_1,r_2)=A_iA_jB_{ij}\exp\left(\frac{r_1^2+r_2^2}{-\sigma^2}+\frac{(r_1-r_2)^2}{2\delta_{ij}^2}\right),\quad(i,j=x,y)$$

(6.15)

与此同时，当我们将关联阶数提高到四阶时，上文所述的成像结果表达式也可写作[35]

$$G^2(u,v)=\langle I(u)\rangle\langle I(v)\rangle+F^2(u,v)$$ (6.16)

这里 $F^2(u,v)$ 包含有有效的成像信息，称为成像项，而 $I(u)$、$I(v)$ 则为背景项。分别写作：

$$F^2(u,v)=F_{xx}^2(u,v)+F_{yy}^2(u,v)+F_{xy}^2(u,v)+F_{yx}^2(u,v)$$
$$=\Gamma_{xx}(u,v)\Gamma_{xx}(v,u)+\Gamma_{yy}(u,v)\Gamma_{yy}(v,u)+$$
$$\Gamma_{xy}(u,v)\Gamma_{xy}(v,u)+\Gamma_{yx}(u,v)\Gamma_{yx}(v,u),$$ (6.17)

$$\Gamma_{ij}(u,u)=\langle I_i(u)\rangle$$ (6.18)
$$\Gamma_{ij}(v,v)=\langle I_i(v)\rangle,(i=x,y)$$

其中 $\Gamma_{ij}(u,u)$ 表示两个探测器间的关联函数。$\langle I_i(u)\rangle$ 和 $\langle I_i(v)\rangle$ 则分别代表了探测臂和参考臂采集数据的平均。

两束光经过探测臂和参考臂后，根据惠更斯-菲涅尔衍射定理可得[36]：

$$\langle I(\zeta)\rangle=\int_{-\infty}^{l\infty}\int_{-\infty}^{\infty}\int_{-\infty}^{\infty}\int_{-\infty}^{\infty}d^2r_1d^2r_2h_l^*(r_1,\zeta)h_l(r_2,\zeta)\times\Gamma_{ij}^{(s)}(r_1,t_2)$$
$$(\zeta=u,v;i=x,y;l=1,2)$$ (6.19)

$$F_{ij}^{(2)}(u,v)=\Gamma i_{ij}(u,v)\Gamma_{ij}(v,u)$$
$$=\frac{A_i^2A_i^2|B_{ij}|^2}{\lambda^6z_0^2z_1^2z_2^2}\int_{-\infty}^{\infty}d^2r_td^2r_1'd^2r_2d^2\hat{r}_2'd^2\zeta d^2\zeta'\times$$
$$\Gamma_{ij}^{(s)}(r_1,r_2')\Gamma_{ij}^{(s)}(r_1',r_2)h_1(x_1,v)h_2(r_2,\nabla)$$
$$h_1^*(r_2',u)h_2^*(t_2',\nabla)\langle\exp(\varphi_0(r_1,\zeta)+\varphi_0^*(t_1',\zeta'))\rangle\times$$
$$\langle\exp(\varphi_1(r_2,\nabla)+\varphi_1^*(r_2',\nabla))\rangle\langle\exp(\varphi_2(\zeta,u)+\varphi_0^*(\zeta',u))\rangle$$
$$=\frac{A_i^2A_j^2|B_{ij}|^2}{\lambda^6z_0^2z_1^2z_2^2}\int_{-\infty}^{\infty}\exp\left[-\left(\frac{1}{\rho_0^2}+\frac{1}{\rho_2^2}\right)(\zeta-\zeta')^2-\right.$$

$$\frac{i\pi}{\lambda}\left(\frac{1}{z_0}+\frac{1}{z_2}\right)(\zeta^2-\zeta'2)\Big]\times H(\zeta)H^*(\zeta')\psi(\zeta,\zeta',\nabla)\mathrm{d}^2\zeta\mathrm{d}^2\zeta'$$

$$(6.20)$$

$$\psi(\xi,\xi',\nabla)$$

$$=\int_{-\infty}^{\infty}\exp\left(\frac{r_1^2+r_2'^2}{-\sigma^2}+\frac{(r_1-r_2')}{-\delta_{ij}^2}+\frac{r_1^2+r_2^2}{-\sigma^2}+\frac{(r_2-r_1')}{-\delta_{ij}^2}\right)\exp\left(\frac{(r_1-r_1')^2}{-\rho_1^2}\right)\times$$

$$\exp\left(\frac{(r_1-r_1')^2+(r_2-r_2')(\xi-\xi')}{-\rho_0^2}\right)\times$$

$$\exp\left(-\frac{i\pi}{\lambda z_0}\big[(r_1-r_1')^2-2(r_1\xi-r_1'\xi')\big]\right)\times$$

$$\exp\left(-\frac{i\pi}{\lambda z_1}\big[(r_2-r_2')^2-2(r_1v-r_1'v')\big]\right)\mathrm{d}^2r_1\mathrm{d}^2r_1'\mathrm{d}^2r_2\mathrm{d}^2r_2'$$

$$(6.21)$$

而其中 h_1 和 h_2 分别为探测臂和参考臂光路的科林斯积分公式中的响应函数：

$$h_1(r,u)=-\frac{1}{\lambda^2z_0z_2}\int_{-\infty}^{\infty}\int_{-\infty}^{\infty}d^2\xi\exp\left[-\frac{i\pi}{\lambda_0}(r-\xi)^2\right]\exp[\varphi_0(r,\xi)]\times$$

$$H(\xi)\exp\left[-\frac{i\pi}{\lambda z_2}(\xi-u)^2\right]\exp[\varphi_2(\xi,u)]\qquad(6.22)$$

$$h_2(t,v)=\frac{i}{\lambda z_1}\exp\left(-\frac{i\pi}{\lambda z_1}(r-v)^2\right)\exp(\varphi_1(t,v))\qquad(6.23)$$

其中 $\exp[\phi_0(r,\xi)]$、$\exp[\phi_1(r,\xi)]$、$\exp[\phi_2(r,\xi)]$ 分别为光束从光源传播到目标物体、参考臂探测器、探测臂探测器过程中,大气湍流所引入的随即因子。$H(\xi)$ 为目标物体的透过函数。采用 Rytov 相位结构函数的二次近似可得:

$$\langle\exp(\phi_i(r,\xi))+\phi_i^*(r',\xi')\rangle$$

$$=\exp\left[-\frac{(r-r')^2+(r-r')(\xi-\xi')+(\xi-\xi')^2}{\rho_i^2}\right]\qquad(6.24)$$

其中 $\rho_i^2=(0.55C_n^2k^2z_i)^{-\frac{3}{5}}$ 时球面波在大气湍流中传播时的相干长度。通过积分公式 $\int_{-\infty}^{\infty}\exp(-p^2x^2\pm qx)\mathrm{d}x=\frac{\sqrt{\pi}}{p}\exp\left(\frac{q^2}{4p^2}\right)$ 可以将背景项表达式写成:

$$\langle I_i(u=0)\rangle = \frac{A_i^2}{\lambda^4 z_0^2 z_2^2}\frac{\pi}{A_{ij}}\frac{\pi}{B_{ii}}\int_{-\infty}^{\infty}\mathrm{d}^2\xi\mathrm{d}^2\xi'\exp\left(\frac{S_1^2+S_1'^2}{4A_{ij}}+\frac{T_1^2+T_1'^2}{4B_{ii}}\right)\times$$

$$H(\xi)H^*(\xi')\exp\left[-\frac{\mathrm{i}\pi}{\lambda}\left(\frac{1}{z_0}+\frac{1}{z_2}\right)(\xi^2-\xi'^2)-\left(\frac{1}{\rho_0^2}+\frac{1}{\rho_2^2}\right)(\xi-\xi')^2\right]\quad(6.25)$$

$$\langle I_i(v_x,v_y)\rangle = \frac{A_i^2}{\lambda^2 z_1^2}\frac{\pi}{C_{ii}}\frac{\pi}{D_{ii}}\exp\left\{\frac{1}{4C_{ii}}\left[\left(2\frac{\mathrm{i}\pi}{\lambda z_1}v_x\right)^2+\left(2\frac{\mathrm{i}\pi}{\lambda z_1}v_y\right)^2\right]\right\}\times$$

$$\exp\left\{\frac{1}{4D_{ii}}\left[\left(-2\frac{\mathrm{i}\pi}{\lambda z_1}v_x+2\frac{\mathrm{i}\pi}{\lambda z_1}\frac{1}{\gamma_{ii}'C_{ii}}v_x\right)^2+\right.\right.$$

$$\left.\left.\left(-2\frac{\mathrm{i}\pi}{\lambda z_1}v_y+2\frac{\mathrm{i}\pi}{\lambda z_1}\frac{1}{\gamma_{ij}'C_{ij}}v_y\right)^2\right]\right\}'\quad(6.26)$$

其中各参量可写作:

$$S_1=2\frac{\mathrm{i}\pi}{\lambda z_0}\xi_x-\frac{\xi_x-\xi_x'}{\rho_0^2}$$

$$S_1'=2\frac{\mathrm{i}\pi}{\lambda z_0}\xi_y-\frac{\xi_y-\xi_y'}{\rho_0^2}$$

$$T_1=\frac{1}{\rho_0^2}(\xi_x-\xi_x')-2\frac{\mathrm{i}\pi}{\lambda z_0}\xi_x'+\frac{1}{\gamma_i^2 A_j'}\left[2\frac{\mathrm{i}\pi}{\lambda z_0}\xi_x-\frac{1}{\rho_0^2}(\xi_x-\xi_x')\right]$$

$$T_1'=-2\frac{\mathrm{i}\pi}{\lambda z_0}\xi_y+\frac{1}{\rho_0^2}(\xi_y-\xi_y')+\frac{1}{\gamma_i^2 A_s}\left[2\frac{\mathrm{i}\pi}{\lambda z_0}\xi_y-\frac{1}{\rho_0^2}(\xi_y-\xi_y')\right]$$

$$\gamma_s=\frac{2\rho_0^2\delta_{ij}^2}{\rho_0^2+2\delta_{ij}^2}$$

$$A_{ij}=\frac{1}{\gamma_{ij}}+\frac{1}{\rho^2}+\frac{\mathrm{i}\pi}{\lambda z_0}$$

$$B_{ij}=A_{ij}^*+\frac{1}{A_{ij}\gamma_{ij}^2}$$

$$\gamma_{ij}'=\frac{2\rho_1^2\delta_{ij}^2}{\rho_1^2+2\delta_{ij}^2}$$

$$C_{ij}=\frac{1}{\gamma_{ij}'}+\frac{1}{\sigma^2}+\frac{\mathrm{i}\pi}{\lambda z_1},\quad D_{ij}=C_{ij}^*+\frac{1}{c_{ij}\gamma_{ij}'}$$

而成像项可写作[37]:

$$\psi(\xi,\xi',\nabla)=\frac{\pi^4}{P_{1ij}P_{2ij}P_{3ij}P_{4ij}}\exp\left(\frac{M_1^2+M_2^2}{4P_{1ji}}+\frac{N_1^2+N_2^2}{4P_{2ij}}+\frac{K_1^2+K_2^2}{4P_{3ij}}+\frac{R_1^2+R_2^2}{4P_{4ij}}\right)$$

$$(6.27)$$

其中各参量为:

$$P_{1ij} = \frac{1}{\rho_0^2} + \frac{1}{2\delta_{ij}^2} + \frac{1}{\sigma^2} + \frac{i\pi}{\lambda z_0}$$

$$P_{2ij} = \beta_{ij}^* - \frac{1}{4P_{1ij}\delta_{ij}^4}$$

$$P_{3ij} = P_{1ij}^* - \frac{1}{4P_{2ij}P_{1ij}^2\delta_{ij}^4\rho_0^4} - \frac{1}{P_{1ij}\rho_0^4}$$

$$P_{4ij} = \beta_{ii} - \frac{1}{P_{2ij}\rho_1^4} - \frac{1}{4P_{3i}}\left(\frac{1}{P_{2i}}\frac{1}{P_{11}\delta_{ij}^2\rho_0^2\rho_1^2} + \frac{1}{\delta_i^2}\right)^2$$

$$M_1 = -\frac{\xi_x - \xi_x'}{\rho_0^2} + 2\frac{i\pi}{\lambda z_0}\xi_x$$

$$M_2 = -\frac{\xi_y - \xi_y'}{\rho_0^2} + 2\frac{i\pi}{\lambda z_0}\xi_y$$

$$N_1 = -2\frac{i\pi}{\lambda z_1}\nabla_x - \frac{\xi_x - \xi_x'}{2P_{1b}\delta_{ij}^2\rho_0^2} + \frac{i\pi}{\lambda z_0}\frac{\xi_x}{P_1\delta_i^2}$$

$$N_2 = -2\frac{i\pi}{\lambda z_1}\nabla_y - \frac{\xi_y - \xi_y'}{2P_{1ij}\delta_{ij}^2\rho_0^2} + \frac{i\pi}{\lambda z_0}\frac{\xi_y}{P_{1i}\delta_{ij}^2}$$

$$K_1 = \frac{1}{P_{1j}\rho_0^2}M_1 + \frac{1}{4P_{2h}}\frac{2}{P_{1ij}\delta_{ij}^2\rho_0^2}N_1 + \frac{\xi_x - \xi_x'}{\rho_0^2} - 2\frac{i\pi}{\lambda z_0}\times\xi_x'$$

$$K_2 = \frac{1}{P_{1j}\rho_0^2}M_2 + \frac{1}{4P_{2h}}\frac{2}{P_{2ij}\delta_{ij}^2\rho_0^2}N_2 + \frac{\xi_y - \xi_y'}{\rho_0^2} - 2\frac{i\pi}{\lambda z_0}\times\xi_y'$$

$$R_1 = 2\frac{i\pi}{\lambda z_1}\upsilon_x + \frac{1}{P_{2ij}\rho_1^2}N_1 + \frac{1}{2P_{3i}}\left(\frac{1}{P_{2i}}\frac{1}{p_{1i}\delta_i^2\rho_0^2\rho_1^2} + \frac{1}{\delta_{ij}^2}\right)\times K_1$$

$$R_2 = 2\frac{i\pi}{\lambda z_1}\nabla_y + \frac{1}{P_{2ij}\rho_1^2}N_2 + \frac{1}{2P_{3j}}\left(\frac{1}{P_{2f}}\frac{1}{p_{1i}\delta_{ij}^2\rho_0^2\rho_1^2} + \frac{1}{\delta_{ij}^2}\right)\times K_2$$

根据公式(6.16)我们已知关联成像中重构图像的计算公式,当我们将目标物体替换为点状物体时,其计算结果则可以视作是成像系统中的点扩散函数,而成像可见度和分辨率则可以写为[37]:

$$V_G = \frac{[G^{(2)}(x,y)]_{\max} - 1}{[G^{(2)}(x,y)]_{\max}}, \tag{6.28}$$

$$Q_G = \frac{[\widetilde{G}^{(2)}(x,y)]_{\max} - \widetilde{G}^{(2)}(0,0)}{[\widetilde{G}^{(2)}(x,y)]_{\max}}, \tag{6.29}$$

同时根据本章参考文献[38],光源平面的偏振度可表示为:

$$P = \frac{\sqrt{(A_x^2 - A_y^2) + 4A_x^2A_y^2\,|B_{xy}|^2}}{A_x^2 + A_y^2}, \tag{6.30}$$

在这里我们借助本章参考文献[39]中的实验结果进行分析。首先我们考虑不同的大气湍流条件下偏振度对于关联成像偏振度的影响。如图6.2所示,在关联成像中,部分相干光的偏振影响着成像可见度,在无湍流影响的情况下,成像可见度会随着偏振的增加而增加。而在大气湍流环境下,虽然随着传输距离的增加,光源的偏振度会发生衰减,从而致使成像可见度的降低,但是无论湍流强弱的变化,成像可见度与光源偏振度之间的关系并不会受到大气湍流的影响。

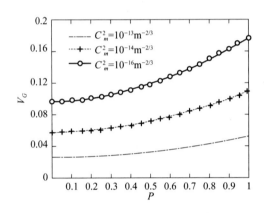

图 6.2　不同湍流强度下,光源偏振与成像可见度

之后我们考虑光源的横向相干长度对关联成像的影响。如图 6.3 所示,随着横向相干长度 δ_{xx} 的增加,图像的可见度随之增加,但是图像分辨率却随之下降,因此横向相干长度与成像质量并非简单的线性关系,而这也意味着成像可见度和分辨率之间存在着矛盾关系。

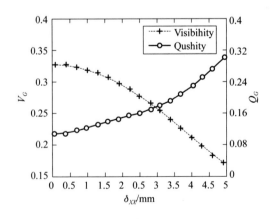

图 6.3　不同横向相干长度与成像可见度和分辨率

综上所述,在大气湍流环境下,关联成像的成像可见度受大气湍流强度、光源的横向相干长度影响。大气湍流越强,成像可见度越小,而光源横向相干长度越长,成像可见度越大。同时关联成像的成像分辨率则与光源的横向相干长度呈反比。与此同时,光源的偏振度虽然随着传输距离的增大而衰减,但其依然可以在成像可见度和分辨率等方面影响着成像结果。因此在进行成像实验设计时,需要综合考虑实验目的对于成像可见度和分辨率的需求,并借助光源的偏振度进行相应的取舍。

在过去很长的时间里,光被简单的区分为完全相干和完全非相干两类,这其中并没有部分相干光的概念,但是实际上,普遍被认为是完全非相干光的太阳光,其相干长度也有几十微米,并非完全非相干[40,41],而借助激光器所产生的赝热光源,受到如谐振腔内部器械的机械振动、外部温度波动等,也有着约几十千米的相干长度[42,43],我们称此类光为部分相干光。在近数十年中,国内外学者对部分相干光在多种介质中的传输特性进行了广泛的研究,如在真空环境下中部分相干光传输过程中的偏振特性[44,45],大气湍流环境下部分相干光光强分布与偏振变化的研究[46-51],特定环境下,大气湍流中部分相干光保持偏振特性不变的研究[52]等。同时针对于部分相干光的理论模型,科研人员进行了各式各样的建模以便进行在实际应用中的理论分析,最为著名的包括 Wolf 和 Collett 在1978 年所提出的高斯-谢尔模型(Gaussian Schell-Model,GSM)。基于GSM 光束,国内外学者进行了一系列相应的研究,例如部分相干平顶光束、中空光束、矢量光束等具有特定光强分布和偏振态分布的部分相干光束性质、产生于应用的研究。得益于此类的研究,相较于完全相干光,部分相干光所具有的优势也越来越受到人们的关注,包括其所具有的经过传输后光强分布均匀[53-55]、传输不变性[56,57]等特点。

在 1990 年,Wu 和 Boardmal 在理论上证明了在湍流环境中经过传输后,GSM 光束的光强分布比完全相干光的光强分布更为均匀,在本世纪初,J. Greffet 和 E. Wolf 等人通过对大气湍流中,部分相干光传输过程中扩展和扩散的研究,给出了部分相干光受湍流干扰较小的原因[58,59]。之后在 2003 年,Shirai 等人在实验中验证了在大气湍流传输过程中,部分相干光光束扩展于峰值光强与其在自由空间中传输相差较小,而完全相干光在经过一定距离的传输后,由湍流引起的扩展程度则显著强于其在自由空间中传输的结果,由此再次证明了大气湍流传输环境中,部分相干光的性能远超完全相干光[31]。

随后在 2009 年,S. Amarande 等人在实验中证明了部分相干光受湍流干扰更小[60],A. Dogariu 等人通过研究部分相干光在大气环境下的传输特性,进一步给出了相应的理论解释,而在同年,程静以单相位屏模型进行了湍流对关联成像中点扩散函数影响的理论分析,并给出了关联成像质量与湍流强度呈负相关这一结论[61]。同一时期,上光所韩申生小组以关联成像中所常用的典型部分相干光——赝热光为基础进行了基于随机相位屏模型的湍流对赝热光关联成像的研究。其研究结果表明,除成像质量外,赝热光关联成像重构图像的分辨率与湍流的强度也呈负相关关系。此外,罗切斯特小组分别从理论和实验角度研究了纠缠光条件下湍流对于关联成像的影响。其研究结果表明,成像质量受湍流位置与物体位置距离的影响,当湍流靠近物体时,其对于成像质量的影响较小,随着湍流沿着光路向光源移动时,成像质量显著下降。而当湍流可以透过透镜系统出现在物体表面时,对于成像质量的影响将会降到最低[62]。

而在面对湍流对关联成像的影像中,国内外众多学者提出了多种试验方案,其中之一就是依靠记忆效应等降低湍流的影响。20 世纪 80 年代,人们发现当激光通过散射介质后,在一定范围内其入射角度虽然发生了微小变化,但散射场的强度分布没有发生改变,而是作为一个整体进行了平移,即散射广场的记忆效应。而当激光入射角超过一定范围后,随着其逐渐变大,散射光场的强度分布会随之改变,而使散射光场强度分布开始改变所对应的激光入射角的变化量被称作记忆区间。记忆效应表明了在一定范围内,散射光场在空间上的具有一定的关联性,而这种关联性携带偶物体信息。因此 Bertolotti J 等人于 2012 年利用记忆效应提出了透过散射介质获取物体信息的方法[63]。而在 2014 年,法国小组基于此想法实现了基于赝热光的面阵探测器单词曝光的抗散射介质成像。在相同的时间段,安徽光机所在 2012 年将自适应光学应用到关联成像之中[64]。在他们的实验方案中,在原本放置物体的位置处先放置了点状目标进行关联成像实验,由此获得湍流的信息,并据此应用自适应光学以减小湍流所带来的影响,相较于传统光学成像,该方法中预先放置的点状目标可以看作时传统自适应成像中的导星。但是此类方法在面对较大视场的成像实验室,需要在物体位置处不同区域依次放置多个导星,而这些测量也需要在湍流的相干时间内完成,这对探测器的采集速率有着较高的要求。其实验结果表明了自适应关联成像方案可以有效抑制大气湍流对赝热光关联成像实验的影响。

本章参考文献

[1] Klyshko D N. A simple method of preparing pure states of an optical field, of implementing the Einstein-Podolsky-Rosen experiment, and of demonstrating the complementarity principle [J]. Soviet Physics Uspekhi, 1988, 31(1): 74-85.

[2] Belinskii A V, Klyshko D N. Two-photon optics: diffraction, holography, and transformation of two-dimensional signals[J]. J. Exp. Theor. Phys. 1994, 78(3) 259-262.

[3] Pittman T B, Shih Y H, Strekalov D V, et al. Optical imaging by means of two-photon quantum entanglement[J]. Phys. Rev. A, 1995, 52(5):R3429-R3432.

[4] Abouraddy A F, Saleh B E A, Sergienko A V, et al. Role of Entanglement in Two-Photon Imaging [J]. Phys. Rev. Lett. 2001, 87(12): 123602-123605.

[5] Bennink R S, Bentley S J, Boyd R W. "Two-Photon" Coincidence Imaging with a Classical Source. Phys. Rev. Lett, 2002, 89 (11): 113601.

[6] Gatti A, Brambilla E, Bache M, et al. Correlated imaging, quantum and classical[J]. Phys. Rev. A, 2004, 70(1): 013802.

[7] Gatti A, Brambilla E, Bache M, et al. Ghost Imaging with Thermal Light: Comparing Entanglement and ClassicalCorrelation [J]. Phy. Rev. Lett, 2004, 93(9): 093602.

[8] Cheng Jing, Han Shengsheng. Incoherent Coincidence Imaging and Its Applicability in X-ray Diffraction. Phys. Rev. Lett. , 2004, 92 (9), 4.

[9] Cai Yangjian, Zhu Shiyao. Ghost interference with partially coherent radiation[J]. Opt. Lett, 2004, 29(23): 2716-2718.

[10] DAngelo M, Valencia A, Rubin M H, et al. Resolution of quantum and classical ghost imaging[J]. Phys. Rev. A, 2005, 72(1): 013810.

[11] Zhang D, Zhai Y-H, Wu L-A, et al. Correlated two-photon imaging with true thermal light [J]. Opt. Lett, 2005, 30 (18): 2354.

[12] Donoho D L. Compressed sensing[J]. IEEE Transactions on Information Theory, 2006, 52(4):1289-1306.

[13] Candes E J, Romberg J, Tao T. Robust uncertainty principles: exact signal reconstruction from highly incomplete frequency information. IEEE Trans. Inform. Theory, 2006, 52 (2): 489-509.

[14] Scarcelli G, Berardi V, Shih Y. Can Two-Photon Correlation of Chaotic Light Be Considered as Correlation of Intensity Fluctuations?. Phys. Rev. Lett, 2006, 96(6): 063602.

[15] Erkmen B I, Shapiro J H. Unified theory of ghost imaging with Gaussian-state light[J]. Phys. Rev. A, 2008, 77(4): 043809.

[16] Shapiro J H, Boyd R W. The physics of ghost imaging [J].

Quantum Inf. Processing，2012，11(4)：949-993.

[17] Shih Y. The physics of ghost imaging：nonlocal interference or local intensity fluctuation correlation？［J］. Quantum Inf. Processing，2012，11(4)：995-1001.

[18] Meyers R，Deacon K S，Shih Y. Ghost-imaging experiment by measuring reflected photons［J］. Phys. Rev，2008，A 77 (4)：041801.

[19] Shapiro J H. Computational ghost imaging[J]. Phys. Rev，2008，A8(6)：061802.

[20] Duarte M F，Davenport M A，Takhar D，et al. Single-pixel imaging via compressive sampling. IEEE Signal Proc. Mag，2008，25(2)：83-91.

[21] Chan W L，Charan K，Takhar D，et al. A single-pixel terahertz imaging system based on compressed sensing［J］. Appl. Phys. Lett，2008，93(12)：121105.

[22] Clemente P，Durán V，Torres-Company V，et al. Optical encryption based on computational ghost imaging［J］. Opt. Lett，2010，35 (14)：2391.

[23] Howland G A，Dixon P B，Howell J C. Photon-counting compressive sensing laser radar for 3D imaging，Appl. Opt，2011，50(31)：5917.

[24] Meyers R E，Deacon K S，Shih Y，Turbulence-free ghost imaging ［J］. Appl. Phys. Lett，2011，98(11)：111115.

[25] Zhao C，Gong W，Chen M，et al. Ghost imaging lidar via sparsity constraints. Appl. Phys. Lett，2012，101(14)：141123.

[26] Sun B，Edgar M P，Bowman R，et al. 3D Computational Imaging with Single-Pixel Detectors. Science，2013，340(6134)：844-847.

[27] Yu H，Lu R，Han S，et al. Fourier-Transform Ghost Imaging with Hard X Rays. Phys. Rev. Lett，2016，n117(11)：113901.

[28] Pelliccia D, Rack A, Scheel M, et al. Experimental X-Ray Ghost Imaging. Phys. Rev. Lett, 2016, 117(11): 113902.

[29] Liu Z, Tan S, Wu J, et al. Spectral Camera based on Ghost Imaging via Sparsity Constraints. Sci. Rep, 2016, 6(1): 25718.

[30] Zhang A-X, He Y-H, Wu L-A, et al. Tabletop x-ray ghost imaging with ultra-low radiation, Optica, 2018, 5(4): 374.

[31] Shirai T, Setälä T, Friberg A T. Temporal ghost imaging with classical non-stationary pulsed light[J]. J. Opt. Soc. Am. B, 2010, 27(12): 2549.

[32] Chen Z, Li H, Li Y, et al. Temporal ghost imaging with a chaotic laser[J]. Opt, 2013, Eng. 52(7): 076103.

[33] Ryczkowski P, Barbier M, Friberg A T, et al. Ghost imaging in the time domain[J]. Nat. Photon, 2016, 10(3): 167-170.

[34] Andrews L C, Phillips R L. Laser Beam Propagation Through Random Media[M]. Washington: SPIE Press, 2005.

[35] H, Wang, D, et al. The propagation of radially polarized partially coherent beam through an optical system in turbulent atmosphere [J]. Applied Physics B, 2010, 101(1-2):361-369.

[36] Zhao X, Yong Y, Sun Y, et al. Condition of Keeping Polarization Property Unchanged in the Circle Polarization Shift Keying System[J]. IEEE/OSA Journal of Optical Communications & Networking, 2010, 2(8):570-575.

[37] Dogariu A, Amaran De S. Propagation of partially coherent beams: turbulence-induced degradation [J]. Optics Letters, 2003, 28 (1): 10-12.

[38] Cai Y, Lei Z. Coherent and partially coherent dark hollow beams with rectangular symmetry and paraxial propagation properties [J]. Journal of the Optical Society of America B, 2006, 23(7):

1398-1407.

[39] 魏志敏. 部分相干光在湍流中传输特性及"鬼"成像研究[D]. 南京:南京师范大学，2017.

[40] Mashaal H,Goldstein A,Feuermann D, et al. First direct measurement of the spatial coherence of sunlight[J]. Optics Letters，2012，37 (17):3516.

[41] Born M，Wolf E. Principles of Optics[M]. Oxford:Pergamon Press，1980，Chapter 10.

[42] Mandel L，Wolf E. Optical Coherence and Quantum Optics. Cambridge: Cambridge University Press[M]，1995.

[43] Kato Y,Mima K,Miyanaga N，et al. Random Phasing of High-Power Lasers for Uniform Target Acceleration and Plasma-Instability Suppression[J]. Physical Review Letters，1984，53 (11):1057-1060.

[44] Korotkova O,Wolf E . Changes in the state of polarization of a random electromagnetic beam on propagation [J]. Optics Communications，2005，246(1-3):35-43.

[45] Pu J,Korotkova O,Wolf E . Invariance and noninvariance of the spectra of stochastic electromagnetic beams on propogation[J]. Optics Letters，2006，31(14):2097.

[46] Wen C,Haus J W,Zhan Q . Propagation of vector vortex beams through a turbulent atmosphere[J]. Optics Express，2009，17 (20):17829-36.

[47] Cai，Yangjian，Lin，et al. Average irradiance and polarization properties of a radially or azimuthally polarized beam in a turbulent atmosphere [J]. Opt. Express，2008，16 (11): 7665-7665.

[48] H，Wang,D，et al. The propagation of radially polarized partially

coherent beam through an optical system in turbulent atmosphere [J]. Applied Physics B, 2010, 101(1-2):361-369.

[49] Lin H, Pu J. Propagation properties of partially coherent radially polarized beam in a turbulent atmosphere[J]. Journal of Modern Optics, 2009, 56(11):1296-1303.

[50] Gu Y, Korotkova O, Gbur G. Scintillation of nonuniformly polarized beams in atmospheric turbulence[J]. Optics Letters, 2009, 34(15): 2261-3.

[51] Zhan Q. Cylindrical vector beams: from mathematical concepts to applications[J]. Asian and Pacific migration journal: APMJ, 2009, 1(1):1-57.

[52] Zhao X, Yong Y, Sun Y, et al. Condition of Keeping Polarization Property Unchanged in the Circle Polarization Shift Keying System[J]. IEEE/OSA Journal of Optical Communications & Networking, 2010, 2(8):570-575.

[53] 柯熙政, 张宇. 部分相干光在大气湍流中的光强闪烁效应[J]. 光学学报, 2015, 44(01):2726-2733.

[54] 张晓欣, 但有全, 张彬. 湍流大气中斜程传输部分相干光的光束扩展[J]. 光学学报, 2012(12):1-7.

[55] 张逸新, 王高刚. 有限光束斜程湍流大气传输平均光强[J]. Chinese Optics Letters, 2006, 4(10):559-562.

[56] Zhao X, Yong Y, Sun Y, et al. Condition for Gaussian Schell-model beam to maintain the state of polarization on the propagation in free space[J]. Optics Express, 2009, 17(20): 17888-94.

[57] Zhao X, Yong Y, Sun Y, et al. Circle Polarization Shift Keying With Direct Detection for Free-Space Optical Communication[J]. IEEE/OSA Journal of Optical Communications and Networking,

2009，1(4):307-312.

[58] Ponomarenko S A,Greffet J J,Wolf E . The diffusion of partially coherent beams in turbulent media[J]. Optics Communications, 2002，208(1-3):1-8.

[59] Gbur，Greg，Wolf，et al. Spreading of partially coherent beams in random media[J]. Journal of the Optical Society of America A, 2002，19(8):1592-1598.

[60] Dogariu A,Amaran De S . Propagation of partially coherent beams: turbulence-induced degradation[J]. Optics Letters，2003，28(1): 10-12.

[61] Cheng J . Ghost imaging through turbulent atmosphere[J]. Optics Express，2009，17(10):7916.

[62] Dixon P B,Howland G A,Chan K，et al. Quantum ghost imaging through turbulence [J]. Physical Review A, 2011, 83 (5): 51803-51803.

[63] Bertolotti J,Putten E,Blum C，et al. Non-invasive imaging through opaque scattering layers[J]. Nature，2012，491(7423):232-234.

[64] Shi D,Fan C,Zhang P，et al. Adaptive optical ghost imaging through atmospheric turbulence[J]. Optics Express，2012，20 (27):27992-27998.